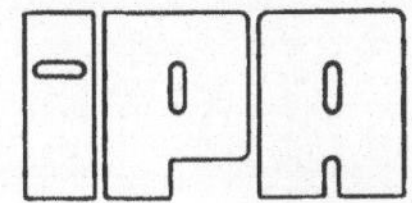

Forschung und Praxis · Band 62

Berichte aus dem Fraunhofer-Institut
für Produktionstechnik und Automatisierung,
Stuttgart, und dem Institut
für Industrielle Fertigung und Fabrikbetrieb
der Universität Stuttgart

Herausgeber: Prof. Dr.-Ing. H. J. Warnecke

Volker Saak

Ein Simulationsmodell zur Planung gruppentechnologischer Fertigungszellen

Mit 53 Abbildungen

Springer-Verlag
Berlin Heidelberg New York 1982

Dr.-Ing. Volker Saak

Fraunhofer-Institut für Produktionstechnik und Automatisierung (IPA), Stuttgart

Dr.-Ing. H. J. Warnecke

o. Professor an der Universität Stuttgart
Fraunhofer-Institut für Produktionstechnik und Automatisierung (IPA), Stuttgart

D 93

ISBN-13 : 978-3-540-11843-5   e-ISBN-13 : 978-3-642-81903-2
DOI : 10.1007 / 978-3-642-81903-2

Gesamtherstellung: Drucken + Werben GmbH · Zettachring 12 · 7000 Stuttgart 80
(Fasanenhof-Industriegebiet) · Telefon (07 11) 715 60 06.

2362/3020—543210

<u>Geleitwort des Herausgebers</u>

Die Entwicklungen in der Produktionstechnik in den
letzten Jahrzehnten haben entscheidend zur positiven
wirtschaftlichen und sozialen Entwicklung in der
Bundesrepublik Deutschland beigetragen. Die Produktivität konnte jedes Jahr um durchschnittlich etwa 3,5 %
gesteigert werden. Mechanisierung und Automatisierung wurden und werden stetig weiter vorangetrieben.
Während es sich bisher jedoch um Verbesserungen an einzelnen Maschinen und Anlagen sowie Verfahren handelte,
werden heute alle Unternehmensbereiche erfaßt, und man
ist bemüht, das gesamte System Unternehmen bzw. Produktionsbetrieb zu optimieren. Das klassische Bemühen um
Optimierung des Einsatzes und Zusammenwirkens der Pro-
duktionsfaktoren Mensch, Maschine und Material muß heute
erweitert werden um die Berücksichtigung sozialer Belange,
gesetzlicher Auflagen, Probleme der Energieversorgung,
schnellen Veränderungen an den Produkten und auf den
Märkten sowie Sicherung der Qualität und der Lieferfähig-
keit.

Von wissenschaftlicher Seite wird und muß dieses Bemühen
unterstützt werden durch die Entwicklung von Methoden
und Vorgehensweisen zur systematischen Analyse und Verbesserung des Systems Produktionsbetrieb. Hier ist heute
insbesondere auch der Fertigungsingenieur gefordert,
nicht nur einzelne Maschinen und Verfahren zu beherrschen,
sondern das gesamte komplexe System hinsichtlich der Verknüpfung seiner Elemente durch zweckmäßigen Informations-
und Materialfluß. Beispielhaft seien dazu nur hinsichtlich des Informationsflusses die heute gegebenen Möglichkeiten der Datenerfassung und -verarbeitung in Fertigungsplanung und -steuerung, an den einzelnen

Produktionsanlagen sowie im Qualitätswesen genannt.
Im Materialfluß geht es um richtige Auswahl und Einsatz von Fördermitteln, Förderhilfsmitteln sowie Anordnung und Ausstattung von Lägern. Der weiteren Automatisierung in der Handhabung von Werkstücken und Werkzeugen sowie der Montage von Produkten wird in nächster Zukunft allergrößte Aufmerksamkeit geschenkt werden. Leistungsfähige Sensoren werden die Möglichkeiten dafür sehr stark vergrößern.

Die beiden vom Herausgeber geleiteten Institute, das Institut für Industrielle Fertigung und Fabrikbetrieb der Universität Stuttgart sowie das Fraunhofer-Institut für Produktionstechnik und Automatisierung in Stuttgart, arbeiten in grundlegender und angewandter Forschung intensiv an den aufgezeigten Entwicklungen in der Produktionstechnik mit. Zur Umsetzung gewonnener Erkenntnisse wird die Schriftenreihe "IPA Forschung und Praxis" herausgegeben. Der vorliegende Band setzt diese Reihe fort, eine Übersicht über bisher erschienene Titel wird am Schluß dieses Bandes gegeben.

Dem Verfasser sei für die geleistete Arbeit gedankt, dem Springer-Verlag für die Aufnahme dieser Schriftenreihe in seine Angebotspalette und der Druckerei für saubere und zügige Ausführung. Möge das Buch von der Fachwelt gut aufgenommen werden.

Hans-Jürgen Warnecke

<u>Vorwort</u>

Die vorliegende Arbeit entstand während meiner Tätigkeit als wissenschaftlicher Mitarbeiter am Fraunhofer-Institut für Produktionstechnik und Automatisierung (IPA) in Stuttgart.

Herrn Professor Dr.-Ing. H.J. Warnecke, dem Direktor des IPA und Leiter des Institutes für Industrielle Fertigung und Fabrikbetrieb an der Universität Stuttgart danke ich für seine wohlwollende Unterstützung und Förderung der Arbeit.

Mein Dank gilt auch Herrn Professor DTechn.h.c. Dipl.-Ing. K. Tuffentsammer für die eingehende Durchsicht der Arbeit und die sich daraus ergebenden Hinweise.

Allen ehemaligen und derzeitig beschäftigten Kollegen, die durch kritische Hinweise und stete Diskussionsbereitschaft zum Gelingen dieser Arbeit beigetragen haben, möchte ich ebenfalls danken. Dieser Dank gilt ausdrücklich den Herren Dr.-Ing. J. Warschat und Dr.-Phil. K.Kornwachs. Für die Unterstützung bei der Lösung programmtechnischer Probleme möchte ich mich insbesondere bei Herrn Dipl.-Ing. K.Schweitzer bedanken.

Nicht zuletzt danke ich auch meiner Frau Gudrun und meiner Tochter Sabine, die mit großer Geduld und Zuversicht die familiären Belastungen eines Promotionsverfahrens auf sich nahmen.

Stuttgart, im April 1982   Volker Saak

Gliederung

Seite:

	Schrifttum	11
	Verzeichnis der Abkürzungen	18
1	Einleitung	20
1.1	Festlegung der Begriffe	22
1.2	Problem- und Aufgabenstellung	24
1.3	Stand der Arbeiten	27
1.4	Vorgehensweise bei der vorliegenden Arbeit	34
2	Methoden zur Überprüfung eines Betriebes hinsichtlich seiner Eignung zur Einführung von Gruppentechnologie	36
2.1	Allgemeine Methoden	37
2.2	Gruppentechnologisch-spezifische Methoden	41
2.3	Bewertung der Methoden	54
3	Einsatz der Simulationstechnik im Produktionsbereich	55
3.1	Grundlagen der Simulation	55
3.2	Anwendung der Simulationstechnik in der Produktion	56
3.3	Untersuchung von Simulationsmodellen hinsichtlich ihrer Eignung für gruppentechnologische Organisationsformen	58
4	Aufbau und Beschreibung des Modells	63
4.1	Das Modell der Werkstattfertigung	63
4.2	Transformation des Modells der Werkstattfertigung	65
4.3	Das Modell der Zellenfertigung	67
4.4	Gültigkeitsbereich des Modells	71
4.5	Quantitative Beschreibung der Modellgrößen	73

5   Programmtechnische Realisierung des Modells   80
5.1   Auswahl der Simulationssprache   80
5.2   Beschreibung des Simulationsprogramms   82
5.2.1   Beschreibung des Programmteils
             ZELLENBILDUNG (ZELBI)   82
5.2.2   Beschreibung des Programmteils
             ZELLENSIMULATION (ZELSI)   85

6   Einsatz des Simulationsmodells im Fertigungs-
             betrieb   88
6.1   Überprüfung des Modells auf Abbildungsgenauig-
             keit   88
6.1.1   Überprüfung des Programmteils
             "Zellenbildung (ZELBI)"   89
6.1.2   Überprüfung des Programmteils
             "Zellensimulation (ZELSI)"   89
6.2   Planung gruppentechnologischer Fertigungs-
             zellen in einer Zahnradfabrik   92
6.2.1   Kurzbeschreibung der Produktion   92
6.2.2   Vorgehensweise bei der Untersuchung   94
6.2.3   Bildung von Fertigungsfamilien und
             Fertigungszellen   94
6.2.4   Beschreibung der Simulationsergebnisse und
             Vergleich mit dem Ist-Zustand   98
6.2.4.1   Beispiel: Fertigungszelle "Kettenräder"   102
6.2.4.2   Zusammenfassung der Einzelergebnisse   106

7   Zusammenfassung   110

8   Anhang   112
8.1   Beschreibung der wichtigsten Unterprogramme
             aus dem Gesamtprogramm ZELSI   112
8.2   Erläuterung der wichtigsten Prioritätsregeln   126
8.3   Einzelergebnisse der Untersuchung der Ferti-
             gungszellen:"Stirnräder","Zahnstangen" und
             "Kegelräder"   129

Schrifttum

/1/   Mitrofanow, S.P.: Wissenschaftliche Grundlagen der Gruppentechnologie, Berlin: VEB-Verlag Technik 1960

/2/   Kruse, G.; Thornley, R.H.: Cost Benefits of Group Technology. Berichte der University of ASTON, Birmingham, Dep. of Prod. Engng., 1977

/3/   Rathmill, K.; Leonard, R.: The fundamental limitations of cellular manufacture when contrasted with efficient functional layout. aus: Modern Production Management Practice, Sonderdruck der Tagungsunterlagen UMIST-University, Manchester, 1976

/4/   Ranson, G.M.: The economics of Group Technology. Proceedings of the 14th International Machine Tool Design and Research Conference, Manchester, 12. - 14. Sept. 1973, Macmillan Press Ltd 1974

/5/   Tuffentsammer, K.: Form- oder fertigungsorientierte Teileordnung ? Maschinenmarkt Jg. 73 (1967) Nr. 96

/6/   Burbidge, J.L.: The introduction of Group Technology. Heinemann - London 1975

/7/   Häussermann, S.: Arbeitsorganisation und Arbeitsgestaltung in der Teilefertigung. AV 15, (1978), Heft 4, S. 99 - 104

/8/   Leonard, R.; Koenigsberger, F.: Conditions for the introduction of Group Technology. Conference "Group Technology", UMIST 4.-6.7.1972

/9/   Hahn, R.; Kunerth, W.; Roschmann, K.: Die Teileklassifizierung. RKW-Schriftenreihe Industrie-Verlag Gehlsen,
Heidelberg 1970

/10/   Opitz, H.: Werkstückbeschreibendes Klassifizierungssy-
stem. Essen:Giradet 1966

/11/   P.K.: Fertigung nach Teilefamilien. VDI-Nachrichten Nr.
35, 1.9.1978, S.2

/12/   Lueg, H.:Systematische Fertigungsplanung. Diss. Univ.
Stuttgart. Nachdruck in werkzeugmaschine international,
wi-Fachbuchreihe, Band 5, Würzburg: Vogel Verlag 1975

/13/   Husain, M.: A feasibility study concerning the forma-
tion for Group Technology Cells from workpiece
statistics obtained in various machine tool firms.
M.Sc. UMIST - Manchester, 1974

/14/   Burbidge, J.L.: Production Flow Analysis. The Production Engineer. April/May 1971, S. 139 - 152

/15/   El-Essawy, J.F.: Group Technology - Component Flow
Analysis for the design of manufacturing Systems. Bran-
chenseminar Fertigungsindustrie (1973), München

/16/   Sawyer, J.H.F.: Design considerations for Group Technology Manufacturing Systems, in: Group Technology - A
Series of Papers, Inaugural lecture, ASTON University,
1971

/17/   Vettin, G.: Analyse von Grundlagen flexibler Fertigungssysteme und ihrer Varianten. ZwF 72 (1977) 9, S. 476 -
482

/18/   Spur, G.; Furgac, J.: Entwicklung einer flexiblen
         Fertigungszelle mit integriertem Handhabungsgerät.
         8. Int. Symposium on Industrial Robots, Stuttgart,
         1978, S. 856 - 867

/19/   Moll, H.: Das Konzept der Fertigungsinsel. VDI-Z. 121
         (1979) Nr. 10 - Mai (II), S. 461 - 462

/20/   Kruse, G.; Thornley, R.H.: Einsatzmöglichkeiten der
         Gruppentechnologie. Fertigung 6/77, S. 169 - 172

/21/   Wolf, M.: Fertigungszellen, ein Beitrag zu ihrer Planung
         und Steuerung. Dissertation Universität Stuttgart, 1979,
         veröffentlicht in: Technischer Verlag Grossmann Stutt-
         gart, "Berichte des Inst. f. Werkzeugmaschinen", Band 9

/22/   Rathmill, K.; Leonard, R.: The use of "Company Profiles"
         to establish the range of application of Group Technolo-
         gy. Inaugural Lecture, UMIST - University. GB Manchester,
         1977

/23/   Hayes, R.H.; Nolan, R.L.: What kind of Corporate Model-
         ling function best ? Harvard Business Review, May -
         June, 1974

/24/   Warnecke, H.J.; Scharf, R.: Criteria for planning and
         evaluating integrated manufacturing systems. Proc. 14th
         MTDR Conf., UMIST 1973

/25/   Metzger, H.: Planung und Bewertung von Arbeitssystemen
         in der Montage. Mainz: Krausskopf-Verlag, 1977

/26/   Woodward, J.: Industrial Organisation, Theory and Prac-
         tise. Oxford University Press, 1965

/27/   Reynold, W.A.; Sen, P.S.: Organisational characteri-
         stics of Group Technology and plant layout. International
         Journal of Production Research, 1973, Vol.11, No.4,
         S. 326-334

/28/   Sokal, R.R.; Sneath, P.M.A.: Principals of Numerical
          Taxonomy. Freeman and Co. 1963, San Francisco 1963

/29/   Carrie, A.S.: Numerical Taxonomy applied to Group
          Technology and plant layout. International Journal
          of Production Research, 1973, Vol.11, No.4, S.340-351

/30/   Leslie, W.: NC-Users Handbook, Mc Graw Hill, New York
          1971

/31/   Burbidge, J.L.: AIDA and group technology. International
          Journal of Production Research, 1973, Vol.11, No.4,
          S. 315-324

/32/   Burbidge, J.L.: Production Flow Analysis on the computer
          Third Annual Conference at Hallem Tower Hotel, Sheffield,
          20./21.11.1973

/33/   Tilsley, R.; Lewis, F.A.; Gallaway, D.F.: Flexible cell
          production systems - A realistic approach. Annals of
          CIRP, 25 (1977), S. 265 - 267

/34/   EL-Essawy, J.F.: Component Flow Analysis - An effective
          approach to production systems design. The production
          Engineer (1972), Nr. 5, S. 165 - 170

/35/   Königsberger, F.: Gruppentechnologie und Fertigungszel-
          len, wt-Z.ind.Fertigg.65 (1975), S.246-267

/36/   Pollak, W.: Alle Möglichkeiten der Wiederholung
          nutzen. Arbeitsstudium-Industrial Engineering,
          Band 10, 1968, Beuth-Verlag Berlin

/37/   Lutz, W.: Entwicklung einer fertigungsbeschreibenden
          Systemordnung für das Drehen von Einzelteilen und
          Kleinserien. Diss. T.U. Stuttgart 1967

/38/   Rathmill, K.; Brunn, P.J.; Leonard, R.: Total Company
          Appraisal for Group Technology. Proc. 15th MTDR conf.
          Birmingham 1974

/39/   Weck, M.; Klingenberg, E.: Simulation dynamischer
         Fertigungsprozesse. tz für Metallbearbeitung, Nr. 8,
         73.Jahrgang, Aug. '79, S. 35 - 45

/40/   Zeigler, B.P.: Theory of modelling and simulation.
         London: Wiley (1976), La Wiley Interscience Publication,
         John Wiley and Sons, New York - London

/41/   Klir, G.J.: An approach to general systems theory.
         New York: van Nostrand Reinhold Co. (1969)

/42/   Ropohl, G. (Hrsg.): Systemtechnik, Grundlagen und Anwen-
         dung. München: Hansa-Verlag, 1975

/43/   Wegner, N.; Heinemeyer, W.: Einsatz der Simulations-
         technik im Produktionsbetrieb, FB/IE 25/1976, Heft 4,
         S. 225 - 233

/44/   Gräßler, D.: Der Einfluß von Auftragsdaten und Ent-
         scheidungsregeln auf die Ablaufplanung von Fertigungs-
         straßen. Diss. TH Aachen, 1968

/45/   Reichelt, R.J.: Analyse des Fertigungsablaufs in einer
         Hüttenwerks-Reparaturwerkstatt. Diss. TU Berlin, 1971

/46/   Hauk, W.: Beitrag zur Lösung des Reihenfolgeproblems
         bei der Ablaufplanung. Diss. TH Aachen, 1971

/47/   Papendieck, A.J.: Reihenfolge und Losgrößen in der Se-
         rienfertigung untersucht an einem praxisbezogenen Simu-
         lationsmodell. Diss. TU Braunschweig, 1971

/48/ Tangermann, M.P.: Auftragsreihenfolgen und Losgrößen
als Instrument der Fertigungsterminplanung untersucht
an einem praxisbezogenen Simulationsmodell. Diss. TU
Braunschweig, 1973

/49/ Friedrich, M.G.: Ein Beitrag für den Einsatz von Warteschlangenmodellen zur Optimierung der Kapazitätsaus-
nutzung metallverarbeitender Unternehmen mit Werkstattfertigung. Diss. Universität Karlsruhe, 1970

/50/ Müller, E.: Simultane Lagerdisposition und Fertigungs-
ablaufplanung bei mehrstufiger Mehrproduktfertigung.
Verlag W. de Gruyter, Berlin - New York, 1972

/51/ Pappas, J.A.: Zur Anwendung betriebsgerechter Warteschlangenmodelle in der Terminplanung. Diss. ETH Zürich,
1967

/52/ Brun, B.: Planung und Steuerung der Eigenteilefabrika-
tion in einer Maschinenfabrik durch EDV. Diss. ETH Zürich 1967

/53/ Büchel, A.: Aufbau eines Simulationsmodells der Werkstättenfertigung auf der Basis eines Markov-Prozesses.
Diss. ETH Zürich, 1968

/54/ Convay, T.H.: An experimental investigation of priori-
ty assignment in a job shop. The Rand Corporation Memo-
randum RM - 3789 - PR, Santa Monica, Calif. 1964

/55/ Leigh, J.G.: A model for predicting the performance of
a job shop. Operational Research Quarterly 25
(1974) 1, S. 131 - 142

/56/ Wegner, N.; Jendralski, J.: Fabrikanlagen Kolloquium 75
Hannover 1975, S. 159 - 184

/57/ Stemmer, G.: Simulationsmodell einer mehrstufigen Mehrproduktfertigung. HGF-Kurzbericht 1975/3, Industrie
Anzeiger, Giradet Essen

/58/   Shannon, R.: Simulation: A survey with research sugge-
stions. AJJE Transactions Vol. 7, No. 3, Seo. 1975,
S. 289 - 301

/59/   Schmieg, M.: GASP IV, Handbuch. Dok.Nr. 78/12, Rechen-
zentrum der Universität Stuttgart, 3.7.1978

/60/   Crane, G.; Thompson, D.L.: GASP IV replaces rules-of-
thumb. Industrial Engineering, May 1979, S. 48 - 52

/61/   AEG-Telefunken u.a.:Entwicklung von Entscheidungs- und
Handlungshilfen für den Einsatz neuer Arbeitsstrukturen
in der Teilefertigung.2.Zwischenbericht,Mai 1979 , S.14-21

/62/   AEG-Telefunken u.a.:Entwicklung von Entscheidungs- und
Handlungshilfen für den Einsatz neuer Arbeitsstrukturen
in der Teilefertigung.3.Zwischenbericht,Mai 1980 , S. 54

/63/   Duden, Fremdwörterbuch.Bibliographisches Institut,
Mannheim,Wien,Zürich,Dudenverlag, 1974

/64/   Fazakerley, G.M.: Der Beitrag der Gruppentechnologie
zur Arbeitszufriedenheit. Studie über die Auswirkungen
von Gruppenfertigungsmethoden auf die Humanisierung der
Arbeit. Internationales Zentrum für berufliche und fachliche Fortbildung, Turin 1975

/65/   Craven, F.W.: Menschliche Aspekte der Gruppentechnologie.
Studie über die Auswirkungen von Gruppenfertigungsmethoden auf die Humanisierung der Arbeit. Internationales
Zentrum für berufliche und fachliche Fortbildung, Turin
1975

/66/   Fazakerley, G.M.: Group Technology, its introduction
and consequences. Inaugural lectures. Department of
Extramural Studies, University of Birmingham, 1977

Verzeichnis der Abkürzungen

AZ	min	Ankunftszeit des Loses an der Bearbeitungsstation
BAST	j,i	Bearbeitungsstation
BBZ	min	Beginn der Bearbeitungzeit des Loses
BMLK	DM	Betriebsmittelleerkosten
BMS	min	Beginn der Stillstandszeit
BZ	j,m	Bearbeitungzeit eines Types (j) auf Maschine (m)
C1	m/min	Transportgeschwindigkeit
C2	min	Konstante für das Auf- und Abladen des Loses vom Transportmittel
C3	DM/min	Kosten pro Zeiteinheit des Transportweges
C4	1/a	Prozentualer Zins für Kapitalbindung und Lagerkosten
C5	min/a	Umrechnungsfaktor
C6	min/h	Umrechnungsfaktor
C7	%	Fixer Anteil des Maschinenstundensatzes
EMS	min	Ende der Stillstandszeit
FIXK	DM	Fixkostenanteil im Maschinenstundensatz
LG (j)	Stck	Losgröße vom Typ (j)
LG (1),(j)	Stck	Minimale Losgröße vom Typ (j)
LG (2),(j)	Stck	Maximale Losgröße vom Typ (j)
M (i)	-	Abgebende Bearbeitungsstation des Loses
M (j)	-	Folgende Bearbeitungsstation des Loses
MSS	DM/h	Maschinenstundensatz

n	-	Anzahl der Bearbeitungsgänge, die an diesem Teil bis zur Ankunft an der Maschine bereits durchgeführt worden sind
NBM	-	Anzahl der Maschinen
NBV (j)	-	Anzahl der Bearbeitungsgänge für das Los vom Typ (j)
NTYP	-	Anzahl der verschiedenen Produkttypen
PAT (j)	%	Anteil des Produkttyps (j) an der Gesamtproduktion
RMW	DM/Stck	Rohmaterialwert pro Teil
RZ (j,m)	min	Rüstzeit vom Typ (j) an der Maschine (m)
SD (m)	min	Durchschnittliche Dauer einer Störung an Maschine (m)
SD 1 (m)	min	Mindestdauer einer Störung an Maschine (m)
SD 2 (m)	min	Höchstdauer einer Störung an Maschine (m)
STK	DM	Störungskosten
SSZ	min	Stillstandszeit der Maschine
STW (m)	-	Störungswahrscheinlichkeit an der Maschine (m)
TEINR (j)	-	Teilenummer
TK	DM	Transportkosten
TRG (j)	Stck	Transportgröße vom Typ (j)
TW (M1,M2)	m	Transportweg von Maschine 1 zu Maschine 2
TZ	min	Transportzeit
WS (i)	%	Wertsteigerung, die ein Teil durch die Bearbeitung (i) erfährt
WZ	min	Wartezeit
ZAS	min	Durchschnittliche Zwischenankunftszeiten der Lose
ZINS	%	Kalkulatorischer Zinssatz
ZLK	DM/Los	Zwischenlagerkosten pro Los
ZW	DM/Stck	Zeitwert pro Teil

1   Einleitung

Ein Produktionsbetrieb in der heutigen Industriegesellschaft
hat verstärkt folgende Entwicklungen zu berücksichtigen:

o   Wachsende Produkt- und Typenvielfalt führt zu abnehmenden
     Losgrößen und damit zu erschwerten Fertigungsbedingungen,

o   Gesetzliche Bestimmungen und gestiegene Anforderungen des
     Mitarbeiters an seinen Arbeitsplatz machen erhöhte Auf-
     wendungen im Betrieb notwendig.

Dieser Zwang sowohl zur konsequenten Rationalisierung als auch
zur Steigerung von Stückzahl- und Personenflexibilität unter
Einbeziehung der Interessen und Vorstellungen der einzelnen Mitarbeiter führte und führt in der Forschung und betrieblichen
Praxis zu Aktivitäten, die unter dem Begriff "Arbeitsstrukturie-
rung" zusammengefaßt werden können.
Diese Aktivitäten hatten z.B. im Bereich der Montage zur Folge,
daß eine Abkehr vom kurzzyklischen, taktgebundenen Arbeitssystem
(z.B. Fließband) erfolgte, mit Hinwendung zu flexiblen, gepuf-
ferten, baugruppenorientierten Teilarbeitssystemen, die den darin beschäftigten Mitarbeitern mehr Spielraum für individuelle
Leistungsentfaltung und zur Höherqualifizierung bieten.

Die Bestrebungen, sowohl produktionstechnische Zwänge als auch
mitarbeiterbezogene Forderungen an das Arbeitssystem gleichzeitig zu erfüllen, haben in der Teilefertigung zu einer "Wieder-
entdeckung" einer bereits seit Mitrofanow /1/ bekannten Pro-
duktionsmethode geführt: der Gruppentechnologie (englisch:
group technology).

In der Literatur sind zahlreiche Beispiele beschrieben worden,
in denen die Gruppentechnologie erfolgreich in einem Betrieb
eingeführt worden ist (z.B. Ferodo, Ferranti, Serck Audco).
Von einigen Projekten sind auch Zahlenangaben zu finden, die

eine in der Fertigungstechnik ungewöhnliche Leistungssteigerung
aufzeigen (siehe Bild 1) /2/. Angaben über eine eventuelle
Veränderung der Stückkosten sind dem Bericht leider nicht
zu entnehmen.

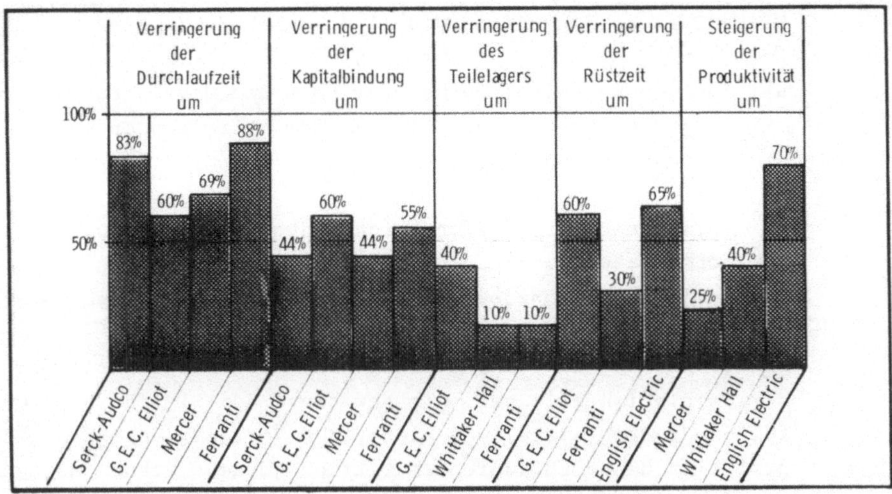

Bild 1: Quantitative Auswirkungen in einigen Betrieben nach
Umstellung auf Gruppentechnologie /2/

Sicherlich spiegeln diese Zahlenangaben jeweils eine sehr erfolgreiche Umstellung der einzelnen Betriebe auf Gruppentechnologie wieder, wo unter Umständen auch eine sehr gut funktionie-
rende Fertigung mit Gruppentechnologie mit einer zuvor schlecht
funktionierenden Werkstattfertigung verglichen wurde, wie Leonard /3/ zur Kritik der Gruppentechnologie bemerkte.
Jedoch kann die Einführung der Gruppentechnologie allein aus
technisch-organisatorischen Aspekten heraus für manche Betriebe
interessant sein, so daß eine nähere Untersuchung des Betriebs
hinsichtlich seiner Eignung zur Einführung der Gruppentechnologie lohnend sein kann.

Auf die Frage: "Wie kann man einen Betrieb schnell und doch
fundiert auf seine Eignung zur Gruppentechnologie hin überprüfen?" fand der interessierte Anwender bis jetzt keine voll

zufriedenstellende Antwort.

Ziel dieser Arbeit ist, einen Beitrag zu liefern für eine fundierte und quantifizierte Entscheidungsfindung für oder gegen die Einführung von gruppentechnologischen Organisationsformen in einem Fertigungsbetrieb.

Diese Entscheidungsfindung soll darauf beruhen, daß

a)   aufgezeigt wird, in welcher Form und Größe gruppentechnologische Fertigungszellen in dem betreffenden Betrieb möglich sind, und

b) ermittelt wird, welche organisatorischen und wirtschaftlichen Auswirkungen sich nach Umstellung auf das gruppentechnologische Konzept wahrscheinlich ergeben werden.

Die Ermittlung der wahrscheinlichen Auswirkungen soll mit Hilfe der Simulation erfolgen. Die Anwendung der Simulationstechnik für diese Problemstellung bietet den Vorteil, daß keinerlei Eingriffe in den noch laufenden Betrieb gemacht werden müssen, die evtl. zu erheblichen Störungen führen würden, und daß eine Fertigung über einen beliebig langen Zeitraum "nachgeahmt" werden kann und somit nicht zufällig Abweichungen vom Normalzustand als repräsentativ angesehen werden.

1.1 Festlegung der Begriffe

Der Begriff "Gruppentechnologie" ist auch im deutschsprachigen Raum noch nicht einheitlich definiert, da darunter einerseits die Typisierung technologischer Arbeitsvorgänge, andererseits die Klassifizierung von Teilen verstanden wird. Für die Produktionstechnik soll folgende Beschreibung - in Anlehnung an Ranson /4/ - herangezogen werden:

o   "Gruppentechnologie ist eine Technik, die es ermöglicht, Werkstücke, die normalerweise einzeln oder in kleinen Losen hergestellt werden, mit ähnlich wirtschaftlichen Vorteilen zu produzieren wie bei der Fließfertigung. Zu diesem

Zweck werden aus dem gesamten Produktionsspektrum eines Betriebes diejenigen Teile ermittelt, die durch Ähnlichkeiten in Größe, Form oder im Fertigungsablauf miteinander verwandt sind und zu ihrer Fertigung dieselben Betriebsmittel benötigen".

Zur Bildung von Teilegruppen sind demnach zwei Wege möglich:

o   die Zusammenfassung (Klassifizierung) von verschiedenen Teilen aufgrund einer Formähnlichkeit, bzw.

o   die Zusammenfassung (Klassifizierung) von verschiedenen Teilen aufgrund einer Fertigungsähnlichkeit.

Wie von Tuffentsammer /5/ ausführlich dargestellt und auch in der Praxis bewiesen, ist die fertigungsorientierte Teileklassifizierung für die Produktion am sinnvollsten, da eine Formähnlichkeit der Teile nicht immer auch Fertigungsähnlichkeit bedeutet. Die Fertigungsähnlichkeit ist aber notwendig, um im Produktionsbereich Organisationsformen aufbauen zu können, die auf Basis der Gruppentechnologie entstanden sind. Zur besseren Verdeutlichung soll daher zukünftig von einer Teilefamilie gesprochen werden, wenn sie aufgrund von Formähnlichkeit entstanden ist und von einer Fertigungsfamilie, wenn sie aufgrund der Fertigungsähnlichkeit entstanden ist.
Bild 2 zeigt ein Beispiel einer Fertigungsfamilie /6/

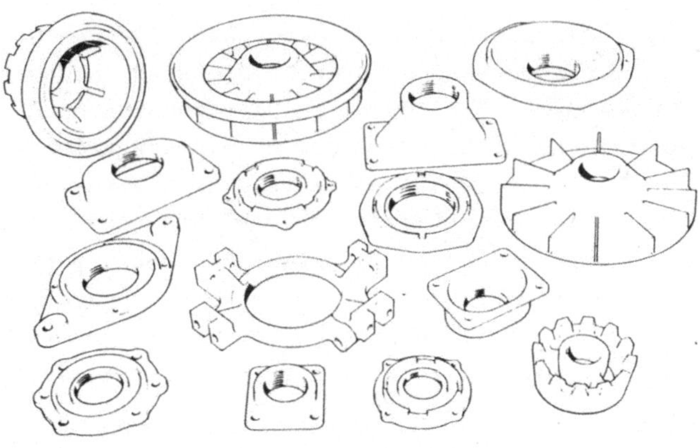

Bild 2:   Beispiel einer Fertigungsfamilie /6/

Durch örtliche Zusammenfassung derjenigen Betriebsmittel, die zur Herstellung dieser Fertigungsfamilien notwendig sind, entsteht die <u>Organisationsform</u> der Fertigung, die je nach Anzahl der vorhandenen Maschinen unterschieden werden kann in:

- o das gruppentechnologische Maschinenzentrum
- o die gruppentechnologische Fertigungszelle
- o die gruppentechnologische Fließlinie.

Die Unterschiede dieser drei Ausprägungen der gruppentechnologischen Organisationsformen werden im Kapitel 1.3 näher beschrieben.

1.2   Problem- und Aufgabenstellung

Erfolgreiche Umstellungen von dem Prinzip der Werkstattfertigung auf das gruppentechnologische Fertigungsprinzip sind insbesondere in der jüngeren englischsprachigen Literatur beschrieben worde Die Gründe hierfür sind möglicherweise darin zu sehen, daß es in Großbritannien im Vergleich zur Bundesrepublik Deutschland noch eher konventionell eingerichtete Produktionswerkstätten gibt, die diese Organisationsform unterstützen.

Über die im Bild 1 bereits aufgezeigten, quantifizierten Leistungssteigerungen im Fertigungsbetrieb nach der Umstellung auf Gruppentechnologie können jedoch auch für den Gesamtbetrieb positive Veränderungen entstehen. Sie sind im wesentlichen darauf zurückzuführen, daß sowohl im Fertigungsbereich als auch in den planenden und steuernden Bereichen des Betriebes aufgrund des gruppentechnologischen Konzepts eine weitaus bessere Übersicht über Teile, Betriebsmittel und Abläufe gegeben ist und somit die Produktionsüberwachung schneller und genauer erfolgen kann. Da die Gruppentechnologie für einen Fertigungsbetrieb anscheinend sehr viele Vorteile erbringen kann, entsteht fast zwangsläufig die Frage: Warum wird dieses Prinzip nicht häufiger angewendet?

Aus einer Umfrage bei zahlreichen Betrieben in der Bundesrepublik wurde ersichtlich, daß weniger als 1 Prozent gruppentechnologische Fertigungszellen eingeführt hatten /7/.

Als modifiziertes Verrichtungsprinzip sollen Werkstätten verstanden werden, in denen mehrere Maschinengruppen mit unterschiedlichen Fertigungsverfahren zusammengefaßt sind, wobei
jeweils eine Maschinengruppe aus gleichartigen Betriebsmitteln
besteht /7/.

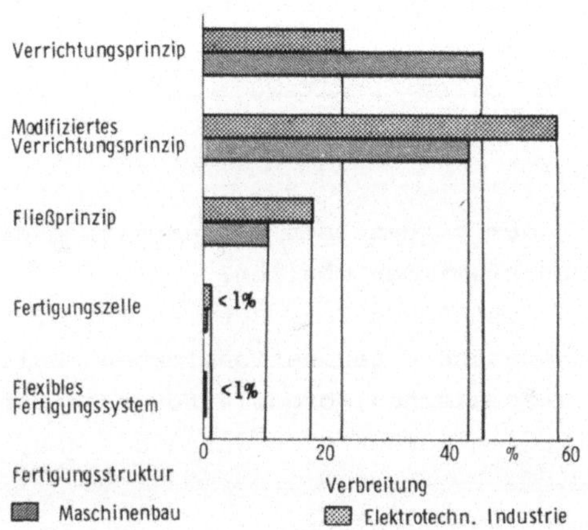

Bild 3:   Organisationsprinzipien in der Teilefertigung /7/

Der Grund für diese geringe Häufigkeit der Einführung wird weniger darin zu finden sein, daß der Gedanke der Gruppentechnologie nicht bekannt ist, sondern daß die Umstellung auf gruppentechnologische Organisationsformen unter Umständen sehr aufwendig sein kann und dementsprechend risikobehaftet ist.

Das Problem für den interessierten Anwender liegt also darin,
bereits im Planungsstadium mit einiger Sicherheit entscheiden
zu können, ob sein Betrieb geeignet ist oder nicht.

Es gibt einige Merkmale, anhand derer eine Grobschätzung der
Eignung des Betriebes erfolgen kann, z.B. /8/:

o 'eine große Anzahl kleiner Lose mit gleichen Ähnlichkeits-
   merkmalen zur Bildung von Fertigungsfamilien
o preiswerte Anlagen, bei denen der Auslastungsgrad nicht
   ausschlaggebend ist bzw. die Gewährleistung, daß teuere
   Maschinen gut ausgelastet sind
o längerfristige Konstanz in der Produktnachfrage, damit sich
   die Umstellung lohnt
o ausgezeichnete Produktionsdaten-Erfassung und -Kontrolle,
   da die Gruppenfertigung einen höheren Schwierigkeitsgrad
   in der Produktionsüberwachung mit sich bringt.

Jedoch lassen diese Anhaltswerte im Einzelfall kaum eine fundierte Entscheidung zu. Offen bleiben weiterhin spezifische
Fragen wie:

o Ist mit dem vorhandenen Teilespektrum die Bildung von
   Fertigungsfamilien möglich?
o Ist die Umstellung des Betriebsmittelparks in gruppentechnologische Organisationsformen möglich?
o Welche technischen, organisatorischen und wirtschaftlichen
   Auswirkungen würden sich durch die Umstellung ergeben?

Die Beantwortung dieser Fragen kann mit den bisher bekannten
Methoden und Kennwerten nicht erfolgen.

Aufgrund der beschriebenen Problemstellung ergibt sich folgende
Aufgabenstellung:

o Bildung von Fertigungsfamilien
   Die Bildung von Fertigungsfamilien ist grundlegende Voraussetzung für die Einführung der Gruppentechnologie in
   der Fertigung. Das im Betrieb vorhandene Teilespektrum
   muß demnach so geordnet werden, daß diese Fertigungsfamilien entstehen. Basis dafür ist die Fertigungsähnlichkeit.

o Bildung von gruppentechnologischen Organisationsformen
   Diese entstehen durch die örtliche Zusammenfassung der Betriebsmittel, die zur Herstellung der Fertigungsfamilien
   notwendig sind.

o   Vorhersage der organisatorischen und wirtschaftlichen Aus-
     wirkungen der Fertigung in gruppentechnologischen Organisa-
     tionsformen

Gerade dieser Punkt ist von ausschlaggebender Bedeutung bei
einer Entscheidung für oder gegen die Einführung von Gruppentechnologie in einem Betrieb. Die Aussagen, die diesbezüglich
getroffen werden, müssen möglichst quantifiziert sein, d.h.,
sie sollten auf Basis der Betriebsdaten und -bedingungen getroffen werden, die jeweils im konkreten Untersuchungsfall
vorliegen.

Da hierzu zum einen eine relativ große Datenmenge zu bewältigen
ist und zum anderen das Fertigungsgeschehen im voraus über einen
längeren Zeitraum hinweg beobachtet werden soll, bietet sich
insbesondere für diese Aufgabe der Einsatz der Simulationstechnik an.
Wesentliche Aufgabe dieser Arbeit ist, ein Simulationsmodell zu
entwickeln, welches in der Lage ist, die anfangs aufgeführte
Problemstellung zu lösen.

1.3   Stand der Arbeiten

Die Fertigung in gruppentechnologischen Organisationsformen
setzt ein vorhergehendes Ordnen des zu fertigenden Teilespektrums in Teilegruppen voraus.
Ordnungskriterien sind jeweils gemeinsame Ähnlichkeiten der
Teile, wobei man drei unterschiedliche Ansätze unterscheiden
kann:

o   Formähnlichkeit

o   Fertigungsähnlichkeit

o   Funktionsähnlichkeit.

Praktische Bedeutung für die Fertigungstechnik haben nur die
beiden erstgenannten Ähnlichkeitskriterien. Diesbezüglich sind
in der Vergangenheit zahlreiche Klassifizierungssysteme aufgestellt und beschrieben worden, die nachfolgend kurz erläutert
werden sollen:

o Formorientierte Verschlüsselung

Bei der formorientierten Verschlüsselung wird die Form eines
Teils mit Hilfe einer Codierung beschrieben. Ähnliche Teile
weisen also auch ähnliche Code auf. Hierzu sind eine Anzahl von
verschiedenen Codierungssystemen entwickelt worden, die von
Hahn /9/ ausführlich beschrieben werden. Am bekanntesten ist
das System von Opitz /10/ geworden, welches im Bild 4 als
Beispiel dargestellt ist.

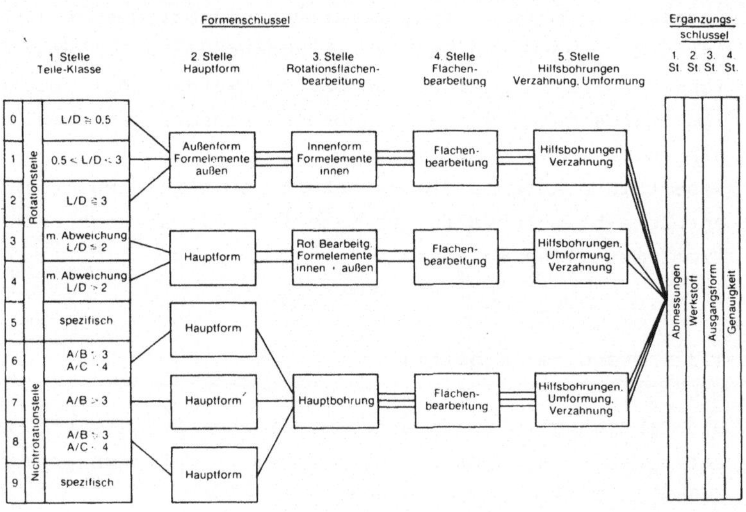

Bild 4:   Teileklassifizierungssystem nach Opitz /10/

Wenn am Anfang der Entwicklung sich der Umfang der Verschlüsselung zunächst auf ca. 5 bis 8 Stellen beschränkte, so sind heute
- unter Einsatz der elektronischen Datenverarbeitung - Schlüssel
mit 20 und mehr Stellen keine Seltenheit mehr. Beispielsweise
umfaßt der Schlüssel in der Heidelberger Druckmaschinenfabrik
28 Stellen /11/.

- 29 -

o   Fertigungsorientierte Verschlüsselung

Bei diesem Verfahren erhält jedes Teil eine fertigungsbeschrei-
bende Schlüsselnummer. Hier ist insbesondere das Verfahren von
Lueg und Moll /12/ bekannt geworden, welches auszugsweise im
Bild 5 beschrieben ist.

Fertigungsschlüssel Bohren

| | 1. Stelle | | 2. Stelle | | 3. Stelle | | 4. Stelle | | 5. Stelle | | 6. Stelle |
	Spannmittel		Bearbeitung Hauptmerkmal		Nebenmerkmal		Anzahl der Bohrungen		maximale Spanungsbreite in mm		Genauigkeit Bohrung
0	ohne Spannmittel bzw. mit Anschlag	0	Durchgangs- od Sackloch bohren	0	ohne zentrieren. Fase unbemaßt	0	1	0	$\leqq 5$	0	Freimaßtoleranz
1	Schraubstock	1	gestuftes Durchgangsbohren	1	Fase bemaßt	1	2	1	$> 5 \ldots \leqq 6.3$	1	$\leqq$ IT 9
2	Futter	2	1 - senken oder ausdrehen	2	Fase bemaßt beidseitig	2	3	2	$> 6.3 \ldots \leqq 8$	2	IT 8 / IT 7
3	Pratzen. Prisma (sonst Hilfsmittel)	3	Sackloch bohren u. Grund senken oder ausdrehen	3	plansenken	3	4	3	$> 8 \ldots \leqq 10$	3	IT 6
4	Teilapparat (- Pratzen)	4	0* - kegelig senken u./od. bohren	4	beidseitig plansenken	4	5	4	$> 10 \ldots \leqq 12.5$	4	Freimaßtoleranz
5	Teilapparat (- Vorrichtung)	5	1* - beidseitig senken oder ausdrehen	5	ohne bzw. Fase unbemaßt	5	6	5	$> 12.5 \ldots \leqq 16$	5	$\leqq$ IT 9
6	Handvorrichtung	6	2 - Funktionsausdrehen	6	Fase bemaßt	6	7 ... 10	6	$> 16 \ldots \leqq 20$	6	IT 8 / IT 7
7	Vorrichtung aufgepratzt	7	5 - Funktionseinstich(e) ausdrehen	7	Fase bemaßt beidseitig	7	11 ... 16	7	$> 20 \ldots \leqq 25$	7	IT 6
8	Wendespanner (- Vorrichtung)	8	Ringnut oder Ringfläche ausdrehen	8	plansenken	8	17 ... 24	8	$> 25 \ldots \leqq 31.5$	8	~ IT 6
9	sonstige	9	sonstige	9	beidseitig plansenken	9	$\geqq 25$	9	> 31.5	9	

Nebenmerkmal: ohne Gewinde (0–4) / mit Gewinde (5–9).
Genauigkeit Bohrung: Abstand Freimaßtoleranz (0–3) / Abstand toleriert (4–8).

*Sackloch entfällt

Bild 5:   Fertigungsbeschreibende Klassifizierungssysteme
           nach Lueg/Moll /12/

o   Werkstückstatistiken

Über die Analyse der Konstruktionsteile besteht die Möglichkeit,
statistische Kennzahlen zu erarbeiten, z.B. Verhältniszahlen von
Dreh- und Fräsarbeiten, und diese dann zur Unterstützung der
Zellenbildung heranzuziehen. Diese Methode wurde insbesondere in
England angewendet (Husain /13/).

o   Ablauforientierte Familienbildung

a)   Materialflußanalyse
      Diese Methode wurde insbesondere von Burbidge /14/   em-
      pfohlen und weiterentwickelt (Production Flow Analysis -
      PFA). Burbidge geht davon aus, daß im Betrieb bereits
      eine natürliche Aufteilung der Teile in Teilegruppen und
      Maschinen in Maschinengruppen existiert und nur aufgezeigt
      werden muß. Der Nachteil dieser Methode ist, daß das Auf-
      zeigen des vorhandenen Materialflusses nicht immer auch
      den optimal möglichen darstellt und sich dadurch durchaus
      "Fehler" in der Teile-/Maschinengruppierung einschleichen
      können.

b)   Teileflußanalyse
      Die Methode der Materialflußanalyse wurde von El-Essawy /15/
      dahingehend verändert, daß die Teile auf Basis der Ferti-
      gungspläne entsprechend ihres Fertigungsablaufs geordnet
      werden. Diese Methode wird von ihm als "Component-Flow-
      Analysis (CFA)" bezeichnet.

Für die Bildung von Teilegruppen zur Fertigung in Fertigungszellen ist - wie bereits anfangs erläutert wurde - eine fertigungsorientierte Teileklassifizierung notwendig.
Der Produktion in gruppentechnologischen Organisationsformen muß
demnach eine Fertigungsfamilie zugrundeliegen. Wie schon erwähnt,
haben sich hinsichtlich der Organisationsform der Fertigung auf
Basis der Gruppentechnologie drei Typen herausgebildet, die von
Sawyer /16/ folgendermaßen beschrieben werden:

o   Die gruppentechnologische Fließlinie (GT-Flow-Line)

In den Fällen, in denen eine große Stückzahl der Teile der Fertigungsfamilie und zu dem ein relativ hoher Gleichheitsgrad im
Fertigungsablauf vorliegt, wobei nicht jedes Teil einen Arbeitsvorgang durchlaufen muß, kann ein Fließliniensystem entstehen.

Die gruppentechnologische Fließlinie unterscheidet sich von der
herkömmlichen Fließlinie im wesentlichen dadurch, daß in der GT-
Fließlinie mehr Arbeitsstationen als Mitarbeiter vorhanden sind
und die Mitarbeiter je nach Arbeitsgang der zu fertigenden Teile
zwischen den Arbeitsstationen wechseln müssen. Folglich sind in
dieser Fertigung auch Puffer notwendig, um die Teile zwischen-
durch zu lagern.

o   Die gruppentechnologische Fertigungszelle (GT-Production Cell)

Liegt eine geringe Anzahl an Stückzahlen vor und ist der Gleichheitsgrad des Arbeitsablaufes gering, so kann der Aufbau einer
Fertigungszelle sinnvoll sein.
Eine Fertigungszelle besteht aus der Anzahl der Maschinen, die
zur Fertigung einer Fertigungsfamilie notwendig ist. Die Fertigungszelle kann als in sich geschlossene Fabrikationseinheit angesehen werden, in der die Teile eines Teilespektrums vom
Rohstück bis zum Fertigstück komplett bearbeitet werden. Aus-
nahmen in der Vollständigkeit der notwendigen Betriebsmittel
können z.B. Wärmebehandlungsanlagen sein, die aus diversen Gründen von der übrigen Fertigung getrennt stehen.
Die Anzahl der Maschinenbediener in der Fertigungszelle ist meist
wieder geringer als die Anzahl der Betriebsmittel, was diesen Mitarbeitern eine gewisse Flexibilität abverlangt und die Auslastung einiger Maschinen zwangsläufig sinken läßt.
Die Größe einer Fertigungszelle schwankt zwischen 4 bis 12 Maschinen.

Ein typisches Beispiel einer Fertigung in Zellen zeigt Bild 6.

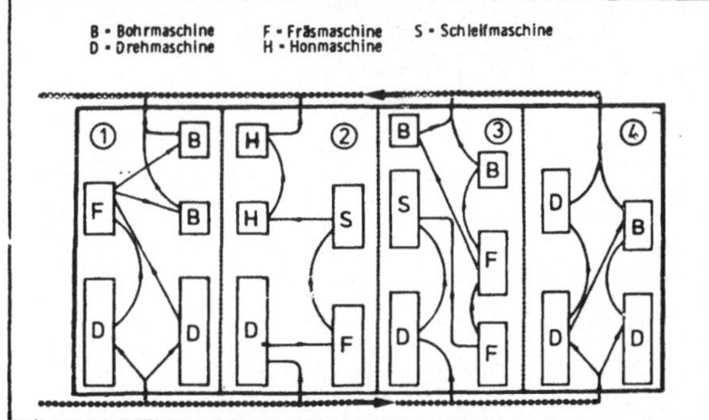

Bild 6:   Beispiel der Zellenfertigung

o   · <u>Das gruppentechnologische Maschinenzentrum (GT-Machine-Cent</u>

Ein weiteres, jedoch weniger bekanntes System ist das sogenannte gruppentechnologische Maschinenzentrum aus 1 bis 2 Maschinen.

Auf diesen Maschinen kann eine Fertigungsfamilie komplett bearbeitet werden, was natürlich eine sehr große Flexibilität der Maschine voraussetzt. Entsprechend geringer kann auch die zu fertigende Stückzahl sein.
Im deutschsprachigen Raum wird das gruppentechnologische Maschinenzentrum auch als "flexibles Fertigungszentrum" (Vettin /17/) oder als "flexible Fertigungszelle" (Spur /18/) bezeichnet, wobei jedoch in den beschriebenen Beispielen eine Maschinenkonfiguration mit weitestgehend vollautomatischen Handhabungs- und Überwachungssystemen zu verstehen war. Moll /19/ verwendet anstelle des Begriffs "Fertigungszelle" die Bezeichnung "Fertigungsinsel".

Der Zusammenhang zwischen Fertigungsprinzip und Organisationstyp ist im Bild 7 wiedergegeben.

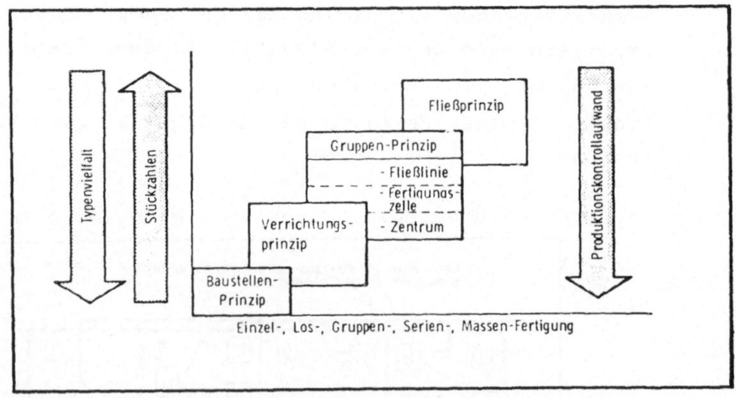

Bild 7:   Zusammenhang zwischen Fertigungsprinzip und Organisationstyp der Fertigung

Aus der Darstellung wird deutlich, daß der Anwendungsbereich des
gruppentechnologischen Organisationsprinzips bezüglich der auf-
geführten Kriterien zwischen dem Bereich des Verrichtungs- und
des Fließprinzips steht, jedoch jeweils einen großen Bereich in
der Anwendung mit ihnen gemeinsam hat.
Sind hinsichtlich der Bildung von Fertigungsfamilien und der
Gestaltung von gruppentechnologischen Organisationsformen noch
relativ zahlreiche Arbeiten geleistet worden, so stehen in bezug
auf die Vorhersage der qualitativen und quantitativen Auswirkungen der Umstellung der Fertigung auf Gruppentechnologie derzeitig
praktisch noch keine Methoden zur Verfügung.
Sollten Vorhersagen getroffen werden, so muß ein entsprechend
großer Untersuchungsaufwand mit ausreichender Datensammlung und
-auswertung getroffen werden. Von Thornley /20/ wird dieser notwendige Aufwand auf 6 bis 9 Mannmonate geschätzt. Eine Firma,
insbesondere ein Klein- oder Mittelbetrieb, wird sich jedoch in
den meisten Fällen davor scheuen, einen derartigen Aufwand zu
betreiben, ohne daß der Erfolg von vornherein feststeht.
Es liegt daher nahe, zur Vereinfachung der Vorgehensweise bei
der Planung und zur schnelleren Auswertung der vorhandenen Betriebsdaten die elektronische Datenverarbeitung einzusetzen.

Dieser Gedanke ist von Wolf /21/ aufgegriffen worden, der mit
Hilfe einer EDV-gestützten Zuordnungsmatrix von Arbeitsvorgang
des Teils und den dazugehörigen Betriebsmitteln die Bildung von
Fertigungszellen ermöglicht.
Ein Vergleich der vorherigen Werkstattfertigung mit der Zellen-
fertigung mit Hilfe der wichtigsten Produktionsdaten, wie z.B. der
Durchlaufzeit der Lose und der Kapazitätsauslastung der Betriebs-
mittel, könnte jedoch erst dann erfolgen, wenn die Produktion auf
Fertigungszellen umgestellt ist und die Daten aus dem laufenden
Betrieb ermittelt werden können. Für die vorausschauende Abschätzung der zu erwartenden Veränderungen im Betrieb ist diese Metho-
de nicht anwendbar.

Um zu der gewünschten Abschätzung der Auswirkungen zu gelangen,
ist es daher sinnvoll und notwendig, die zukünftige Produktion
in Fertigungszellen auf Basis realer Betriebsdaten als Modell
abzubilden und zu simulieren.

1.4 Vorgehensweise bei der vorliegenden Arbeit

Um zu der gewünschten Abschätzung der Auswirkungen der Umstellung von der Werkstatt- auf die Zellenfertigung zu gelangen, ist es sinnvoll und notwendig, eine Methode zu entwickeln, mit deren Hilfe die zukünftige Produktion in Fertigungszellen auf der Basis realer Betriebsdaten vorherbestimmt werden kann.
Um zu dieser Methode zu gelangen, wurden in dieser Arbeit zunächst die bekannten und relevanten Methoden dahingehend untersucht, ob mit ihrer Hilfe ein zu untersuchender Betrieb auf seine Eignung zur Gruppentechnologie hin überprüft werden kann. Gleichzeitig wird von der jeweiligen Methode gefordert, daß sie darüber hinaus auch Aussagen darüber machen soll, welche organisatorischen und wirtschaftlichen Auswirkungen nach der Umstellung zu erwarten sind.

In einem zweiten Untersuchungsschritt werden die bisher für den Fertigungsbereich entwickelten Simulationsmodelle dahingehend analysiert, ob sie in der Lage sind, aus einer Werkstattfertigung heraus gruppentechnologische Fertigungszellen zu entwickeln und im Anschluß daran, den Fertigungsablauf auf Basis der vorgefundenen, realen Betriebsdaten zu simulieren.

Da keines der bisher bekannten Modelle alle Forderungen erfüllen konnte, wurde in dieser Arbeit ein Modell der gruppentechnologischen Fertigungszelle entwickelt und für dieses Modell ein Programm erstellt, welches die Produktion in der Zelle simuliert.

Zur Kontrolle der Abbildungsgenauigkeit des Simulationsmodells wird eine bereits nach dem Zellenprinzip aufgebaute Fertigung "nachsimuliert". Im Anschluß daran wird eine nach dem Werkstättenprinzip organisierte Fertigung dahingehend überprüft, ob und mit welchen Auswirkungen eine Umstellung auf gruppentechnologische Fertigungszellen möglich ist.
Den Ablauf der Vorgehensweise zeigt Bild 8.

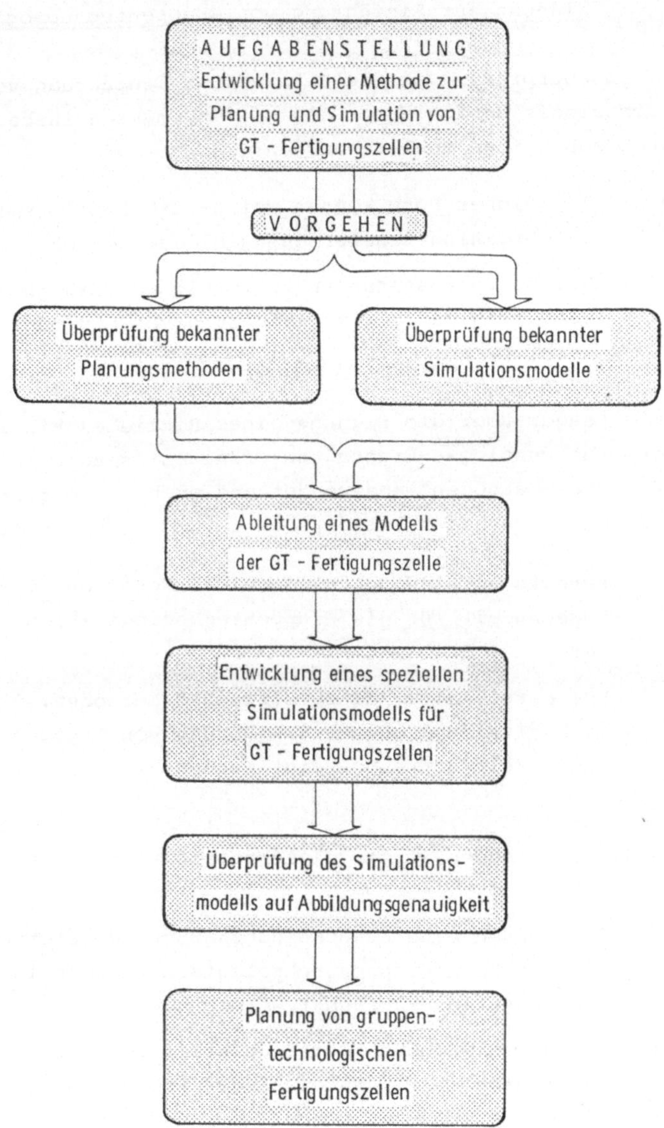

Bild 8: Vorgehen bei der Entwicklung des Simulationsmodells
für GT-Fertigungszellen

2   <u>Methoden zur Überprüfung eines Betriebes hinsichtlich der</u>
<u>Eignung zur Einführung von Gruppentechnologie</u>

Um zu überprüfen, ob ein Betrieb zur Einführung von Gruppentechnologie geeignet ist oder nicht, müssen insbesondere zwei
Problembereiche geklärt werden:

o   In welcher Form können Teile- und Betriebsmittel-Gruppen
      (GT-Organisationsformen) gebildet werden?

o   Welche Verbesserungen bzw. welcher Grad an Einsparungen
      läßt sich durch die Einführung von Gruppentechnologie
      erreichen?

Um Aussagen über die Eignung eines Betriebes hinsichtlich seiner
Gruppentechnologie-Eignung zu erhalten, sind eine Anzahl von
"Eignungs-Methoden" angewendet und auch gezielt entwickelt wor-
den. Diese Methoden lassen sich in zwei Gruppen einteilen:

o   Bereits vorhandene "allgemeine" Methoden, die direkt oder
      abgewandelt für die Gruppentechnologie-Eignung angewendet
      werden.

o   Neu entwickelte "GT-spezifische" Methoden, die ausschließ-
      lich hinsichtlich der Einführung von Gruppentechnologie
      entwickelt und eingesetzt werden.

An diese Methoden werden gleichzeitig folgende Forderungen ge-
stellt:

o   sie müssen eine Entscheidungsgrundlage bieten, ob und in
      welcher Form gruppentechnologische Formen in einen Ferti-
      gungsbetrieb eingeführt werden können, und

o   wo und in welchem Ausmaß quantifizierbare Veränderungen im
      Betriebsgeschehen aufgrund der Produktion in GT-Fertigungs-
      zellen zu erwarten sind.

Erfüllt die jeweilig untersuchte Methode nicht beide Forderungen, so ist sie zur Lösung der vorliegenden Problematik ungeeignet.

2.1   Allgemeine Methoden

Kennzahlen

Eine der am häufigsten angewendeten Methoden, Aussagen über
eine betriebliche Situation zu erhalten, ist die Bildung von
Kennzahlen. Betriebliche Kennzahlen können in vielfältiger Form
gebildet werden, z.B. Umsatz pro Mitarbeiter, produzierte Stückzahlen pro Zeiteinheit. Häufig werden einzelne Kennzahlen zu
weiteren, übergeordneten "Schlüsselzahlen" verdichtet, so daß
zu einer Interpretation dieser Schlüsselzahl zunächst einmal
die "Nebenverhältniszahlen" bekannt und bewertet werden müssen.

Betriebliche Kennzahlen ergeben sich aufgrund mehr oder weniger
umfangreicher Rechnungen. In jedem Fall spiegeln sie jedoch
immer nur einen momentanen Zustand wieder, bzw. den "Wert" zweier
in das Verhältnis gesetzten Größen.
Vergleicht man zwei oder mehrere, auf gleicher Basis ermittel-
te Kennzahlen miteinander, so lassen sich entweder

o   historische Entwicklungen innerhalb eines betrachteten
        Bereiches,
        (z.B. Umsatz pro Mitarbeiter im Jahr 1 und im Jahr 2)
        oder

o   ein momentaner Vergleich von verschiedenen Untersuchungs-
        bereichen
        (z.B. Umsatz pro Mitarbeiter im Werk 1 bzw. Werk 2)
        durchführen.

Wie Rathmill und Leonard /22/ im Vergleich zu anderen Methoden
feststellten, ist diese Methode hinsichtlich der Eignungs-
prüfung eines Betriebes zur Einführung von Gruppentechnologie
nicht geeignet, da mit ihr keine Fertigungszellen planbar sind.
Die Kennzahlenmethode ist eher dafür geeignet, nach erfolgter
Umstellung der Fertigung im nachhinein eine Veränderung be-
stimmter Größen festzustellen, z.B. Veränderungen von Durchlaufzeiten.

Corporate-Modelling ("Unternehmens-Abbildung")

Corporate-Modelling ist eine rechnerunterstützte Kennzahlenmethode, welche erstmals von Hayes und Nolan /23/ vorgestellt
wurde. Da durch den Einsatz der elektronischen Datenverarbeitung generell eine größere Menge an Daten in kürzerer Zeit ver-
arbeitet werden kann, sind mit Hilfe dieser Methode auch die
Möglichkeiten größer, zu differenzierten Kennzahlen zu gelangen.

Die Autoren unterscheiden dabei drei Wege der Kennzahlenbildung:

o   von - der - Basis - aufwärts
      (from-the-bottom-up-modelling)
      d.h., Verdichtung der Basis-Kennzahlen zu sogenannten
      Schlüsselzahlen.

o   von - der - Spitze - abwärts
      (from-the-top-down-modelling)
      d.h., Aufschlüsselung der Kennzahlen in Neben-Verhält-
      niszahlen

o   von - innen - nach - außen
      (from-the-inside-out-modelling)

Obwohl das Corporate-Modelling differenzierte Aussagen zuläßt,
ist diese Methode zur Planung und Gestaltung von Fertigungszellen - aus den gleichen Gründen wie die Kennzahlenmethode -
ungeeignet. Sie ist gut verwendbar für relative Aussagen bezüglich der Vergleiche zweier Betriebssituationen, hat jedoch nur
geringe, absolute Aussagekraft.

Leistungskennwertprofile

Zur Planung von Arbeitssystemen unter Einbeziehung gewichteter
Gestaltungsmerkmale wurde von Warnecke und Scharf /24/ die
Methode der "Leistungskennwertprofile" vorgestellt. Diese Me-

thode wurde von Metzger /25/ speziell für die Planung flexibler
Montagesysteme weiterentwickelt und eingesetzt. Das Vorgehen bei
dieser Methode beruht darauf, daß versucht wird, verschiedene
Anforderungen, denen das zukünftige Arbeitssystem genügen soll,
rangmäßig zu quantifizieren. Stehen nach Abschluß der Planungs-
phase mehrere alternative Arbeitssysteme zur Auswahl, wird mit
Hilfe der gewichteten Anforderungen und von subjektiv gefundenen
"Erfüllungsfaktoren"ein sogenannter "Arbeitssystemwert" für jede
Systemalternative herausgebildet. Die Alternative mit dem höch-
sten Systemwert stellt dann die optimale Alternative dar.

Zur Planung von Fertigungszellen ist diese Methode nicht geeignet, da mit Hilfe dieser Methode keine Entwicklung von Arbeitssystemen möglich ist, sondern nur eine relative Bewertung verschiedener realisierbarer Alternativen untereinander.
Einsetzbar ist diese Methode in dem Fall, wenn nach Abschluß der
Planungsphase mehrere, in ihrer Ausführungsform unterschiedliche
Fertigungszellen zur Auswahl ständen. Hier kann dann über gewich-
tete Ziel- und Erfüllungsfaktoren die "optimale" Fertigungszelle
ausgewählt werden.

Ebenfalls nicht anwendbar ist diese Methode für die Vorhersage
von Leistungsdaten der Fertigungszelle, da mit ihr technische
oder organisatorische Abläufe innerhalb einer Arbeitsstruktur
nicht vorherbestimmbar sind.

Woodword-Umfragen

In den Jahren 1953 bis 1957 führte Woodword /26/ Umfragen in zahlreichen Industriebetrieben durch mit dem Ziel, Aussagen über die
Relation zwischen Fertigungstyp und Organisationstyp der Fertigung zu erhalten. Insbesondere sollte der Versuch gemacht werden,
einen Überblick über die Gruppentechnologie-Anwendungsfälle zu
erhalten, um dann rückwirkend auf die generelle Anwendbarkeit der
Gruppentechnologie zu schließen.

Die Umfrage zeigte, daß nur wenige Firmen auf Gruppentechnologie
umgestellt hatten und diese Firmen zudem noch starke Unterschiede in der Auslegung der Organisationsform aufwiesen. Dieser Um-
stand führte dazu, daß der Versuch, einen Überblick über die
Gruppentechnologie-Anwendungsfälle zu erhalten, keine statistisch
überzeugenden Ergebnisse erbrachte.
Reynold und Sen /27/ unternahmen mit derselben Methode einen
zweiten Versuch. Sie gaben jedoch selbst zu, daß auch ihre Ergebnisse nicht so aussagefähig waren, als daß daraus allgemein-
gültige Vorgehensweisen zur Planung von gruppentechnologischen
Organisationsformen möglich sind.

2.1.5 Numerische Klassifikation (numerical taxonomy)

Eine weitere Universal-Methode, mit deren Hilfe die Einsatzmöglichkeiten der Gruppentechnologie getestet werden soll, stellt
die Numerische Klassifikation /28/ dar.
Die Numerische Klassifikation ist eine Analysemethode, die Algori-
men zum Studium der Ähnlichkeiten zwischen betrachteten Objekten
in quantitativer Art liefert. Die Anwendung der Methode erfolgt
in drei Stufen:

a)   Aufstellen einer Datenmatrix. Diese gibt Auskunft dar-
      über, welche Charakteristika vorhanden sind oder nicht.

b)   Berechnung einer Matrix der Ähnlichkeitskoeffizienten.
      Aus den Informationen dieser Matrix kann die Ähnlich-
      keit zwischen jedem Objektpaar ermittelt werden.

c)   Durchführung einer Gruppenanalyse. Sie prüft die Ähn-
      lichkeit zwischen jedem Objektpaar und bildet Objekt-
      gruppen, innerhalb derer die Objekte einander ähnlich
      sind.

Carrei /29/ verwendet diese Methode zum Ordnen von Maschinen-
matrizen ebenso wie Burbidge /6/ bei der Analyse des Produkt-
tionsflusses. Wie Carrei jedoch selbst bestätigt, "beschränkt
sich die Nützlichkeit der Matrix darauf, einen optischen Ein-

druck der Beziehungen zwischen Komponenten zu geben, was für
die Interpretation von Ergebnissen anderer Methoden und die
versuchsweise Zusammenstellung von Gruppen nützlich sein kann".

Wishart /30/ erweitert diese Methode mit einem Algorithmus,
der es dann erlaubte, auch eine Überprüfung der Maschinenkapa-
zität durchzuführen.
Darüber hinaus ist diese Methode jedoch nicht einsetzbar und
kann daher keine Vorhersage über zu erwartende Veränderungen
in der neuen Organisationsform machen.

2.2   Gruppentechnologisch-spezifische Methoden

Da die Überprüfung eines Fertigungsbetriebes hinsichtlich seiner
Eignung zur Einführung von Gruppentechnologie mit Hilfe bereits
vorhandener Methoden entweder zu wenig aussagekräftige Ergebnisse brachte , oder aber diese Methoden zu sehr abgewandelt und
spezialisiert werden mußten, haben sich eine Anzahl von Wissen-
schaftlern damit beschäftigt, Methoden zu entwickeln, die ganz
speziell die Eignung eines Betriebes zur Gruppentechnologie
herausfinden sollten. Diese Methoden sollen nachfolgend beschrieben und dahingend überprüft werden, ob sie gleichzeitig
die Planung von GT-Fertigungszellen und die Vorhersage von
eventuellen Auswirkungen ermöglichen.

AIDA

AIDA (Analysis of Interconnected Decisions Areas) oder "Analyse
von miteinander verbundenen Entscheidungsbereichen" ist ein vom
"Institute for Operational Research" (Großbritannien) entwickel-
tes Verfahren /31/. Dieses Verfahren verwendet sowohl Netzana-
lysen zur Beseitigung unlogischer Lösungen, als auch skalierte
Maßstäbe, die eine Entscheidung bei der Auswahl der noch verbleibenden Lösungen ermöglichen.

Zum Teil basiert dieses Verfahren auf der bereits beschriebenen
Methode der Numerischen Taxonomie. Das Verfahren wird insbeson-

dere zur Findung von optimalen Lösungen von Problemen eingesetzt, die viele verschiedene Entscheidungsbereiche (-ebenen)
und untereinander zusammenhängende Alternativen aufweisen. Eine
optische Darstellung des Verfahrens ist im Bild 9 wiedergegeben

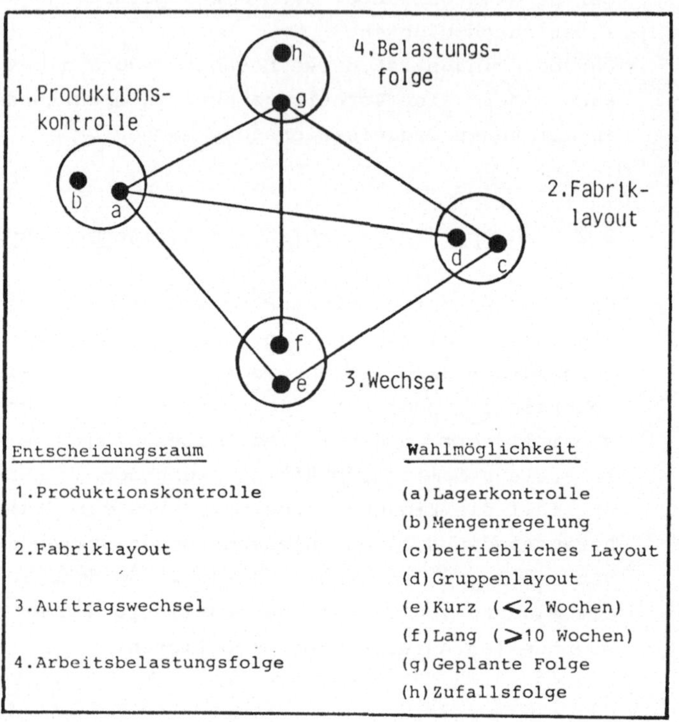

Bild 9: AIDA /31/

Burbidge /31/ wendet AIDA in der Form an, indem er Lösungen,
die von Experten der Gruppentechnologie hinsichtlich der Planung von gruppentechnologischen Produktionssystemen gefunden
worden waren, mit den Lösungen der AIDA-Methode verglich. AIDA
kam zu den gleichen Lösungen und kann daher zur Planung von
Produktionssystemen auf der Basis der Gruppentechnologie herangezogen werden. Darüber hinaus, z.B. zur Ermittlung des Verhal-
tens des geplanten GT-Produktionssystems, ist dieses Verfahren
ebenfalls nicht anwendbar.

Produktionsflußanalyse (Production-Flow-Analysis, PFA)

Die Produktionsflußanalyse (Production-Flow-Analysis, PFA)
von Burbidge /32,6/ wird als eine Technik beschrieben, mit der
man Materialflüsse dahingehend untersucht, ob und in welcher
Form sie Fertigungsfamilien beinhalten und dementsprechend ein
Gruppen-Layout der Betriebsmittel gebildet werden kann.
Im ersten Schritt dieser Methode, genannt "Fabrikflußanalyse"
(Factory-Flow-Analysis, FFA) wird ermittelt, auf welchen Wegen
sich das Material zwischen den einzelnen Betriebseinheiten des
Betriebes bewegt. Die Hauptmaterialflüsse, d.h. die Teile und
die Maschinen, auf denen diese Teile bearbeitet werden, werden zu
sogenannten Hauptgruppen (major-groups) zusammengefaßt.
Im zweiten Schritt der Produktionsflußanalyse, "Gruppen-Analyse"
(Group-Analysis) genannt, werden mit Hilfe einer Matrix die Haupt-
Fertigungsfamilien unterteilt in kleinere Familien und alle Haupt-
Maschinengruppen in kleinere Gruppen, aber so, daß noch jede
kleinere Fertigungsfamilie komplett innerhalb einer Maschinengruppe gefertigt werden kann.
Im dritten Schritt der Produktionsflußanalyse, als "Linien-Analyse"
(Line-Analysis) bezeichnet, werden, wie im ersten Schritt, aber-
mals die Materialflüsse aufgezeigt, allerdings diesmal nur innerhalb der Maschinengruppen. Dieser Schritt soll dazu dienen, das
beste Maschinen-Layout zu erhalten.
Im vierten Schritt - der sogenannten "Werkzeug-Analyse" (Tooling-
Analysis) - werden die zuvor gebildeten Fertigungsfamilien dahingehend untersucht, welche Werkzeuge zu ihrer Herstellung benötigt
werden. Durch Bereitstellung dieser Werkzeuge innerhalb der Fertigungszellen wird eine nochmalige Erhöhung der Produktivität der
Gruppenfertigung möglich.

Die Produktionsflußanalyse stellt somit eine sehr differenzierte
Methode dar, gruppentechnologische Organisationsformen zu planen
und zu gestalten. Die Produktionsflußanalyse kann jedoch ebenfalls
nicht dazu herangezogen werden, Voraussagen über das Leistungsver-
halten der geplanten Fertigungszellen zu machen.

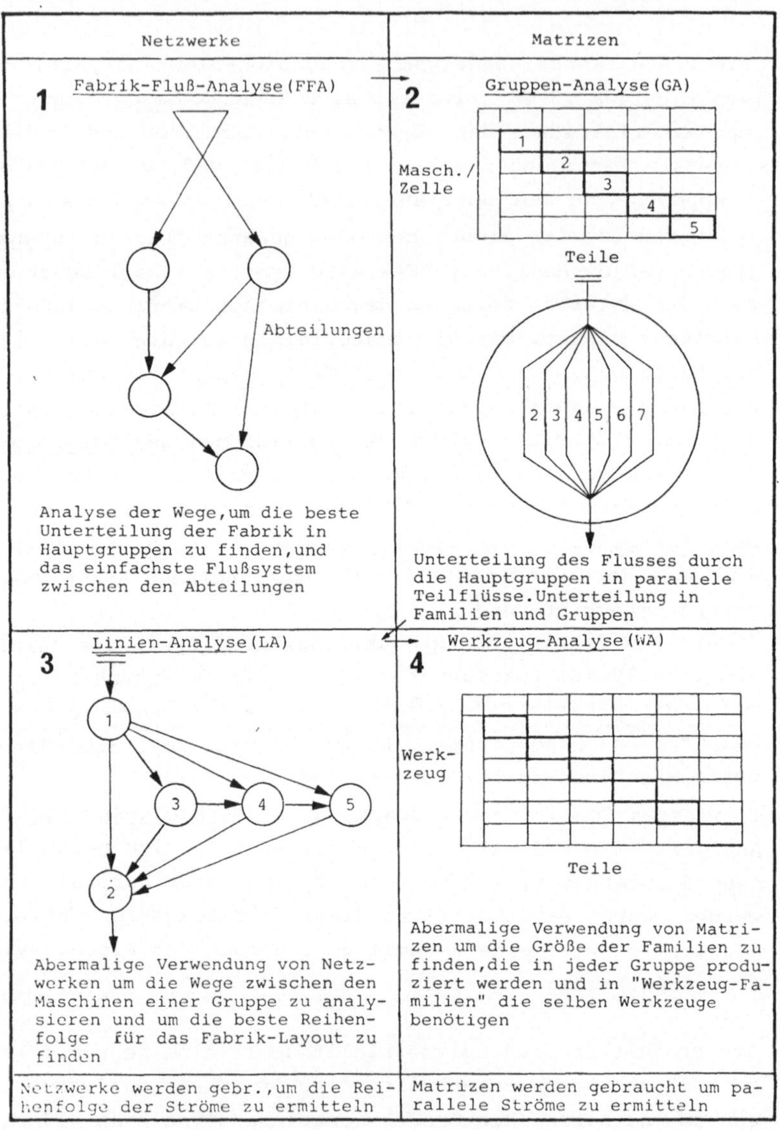

Bild 10: Stufen der Production-Flow-Analysis (PFA) /32/

Produktionsfluß-Synthese (Production-Flow-Synthesis, PFS)

Die "Produktionsfluß-Synthese" (Production-Flow-Synthesis) /14/
kann als eine Weiterführung der zuvor geschilderten Produktionsfluß-Analyse (PFA) betrachtet werden. Mehrere der zuvor mit Hilfe
der Produktionsfluß-Analyse gebildeten Kleingruppen werden durch
die Produktionsfluß-Synthese organisatorisch wieder zu größeren
Fertigungssystemen zusammengefaßt ("synthetisiert"). Durch diese
Zusammenfassung kann ein höherer Flexibilitätsgrad erreicht und auf
Maschinenausfälle oder Bedarfsschwankungen besser reagiert werden.

Als eine ähnliche Methode ist auch die sogenannte "Kaskadenme-
thode" /33/ zu bezeichnen, bei der die Maschinengruppen (Fertigungszellen) nach steigendem Komplexitätsgrad eingerichtet werden, welches der steigenden Spektrumsbreite der Fertigungsfamilien entspricht. Damit bieten sich mehrere Möglichkeiten an,
gleiche Fertigungsfamilien in verschiedenen Fertigungszellen
zu bearbeiten, wobei die Zuordnung einer bestimmten Fertigungsfamilie zu einer Fertigungszelle als bevorzugt gilt, die Zuordnung zu anderen Zellen alternativ dazu möglich ist.

Beide Verfahren sind sehr gut für die Planung bzw. Feinplanung
von Fertigungszellen anwendbar, jedoch ebenfalls nicht geeignet,
im Planungsstadium zukünftige Veränderungen zu simulieren.

Komponentenfluß-Analyse (Component-Flow-Analysis, CFA)

Die "Komponentenfluß-Analyse "(Component-Flow-Analysis) wurde von
El-Essay /34/ vorgestellt. Sie beruht auf dem Prinzip der Produktionsfluß-Analyse und läuft im wesentlichen in 4 Stufen ab:

1. Analyse der Arbeitsplätze
2. Numerierung der Maschinen
3. Entsprechend den Arbeitsplänen werden die Maschinen
   in Gruppen sortiert, die vom Fertigungsablauf her
   gesehen ähnliche Teile bearbeiten können .
4. Die notwendige Anzahl jeder Maschinenart pro Gruppe
   wird dadurch bestimmt, daß ein 18-monatiges Produktionsprogramm vorgegeben wird und über die Maschinen-
   kapazität die Maschinenanzahl berechnet wird.

Obwohl diese Methode weiterführende Ergebnisse liefert als die Produktionsfluß-Analyse, weist sie den Nachteil auf, daß bei einer Änderung des Produktionsprogramms auch die Zusammenfassung der Fertigungszelle neu "berechnet" werden muß. Ferner hat man auch mit dieser Methode noch keine Möglichkeit, zusätzlich Vor- und Nachteile der Gruppenfertigung - außer der eigentlichen Gruppenfindung - zu ermitteln.

Eignungsfaktoren

Einen völlig anderen Weg zur Beurteilung der Eignung eines Betriebs hinsichtlich der Einführung von Gruppentechnologie zeigen Königsberger /35/ und Thornley /20/ auf. Aus der Summe der Erfahrungen mit verschiedenen Gruppentechnologie-Projekten zeigen die Autoren quasi die "Idealbedingungen" auf, die ein Betrieb aufweisen sollte, um erfolgreich nach gruppentechnologischen Methoden produzieren zu können. Thornley gibt zunächst zwei Grenzfälle an, bei denen die Typisierung der Fertigung eindeutig ist:

1. Bei Vorhandensein von nur einer Werkstücksorte oder einer geringen Anzahl verschiedener Teile in einem Betrieb ist es sinnvoll, die Fertigung nach dem <u>Fließprinzip</u> aufzubauen.

2. Wenn der Betrieb eine große Anzahl verschiedener Teile herstellt, die überwiegend verschiedene Herstellungsabläufe erfordern und wenn der Materialfluß sehr unterschiedlich ist, so ist es wahrscheinlich, daß eine Anordnung der Maschinen nach dem <u>Werkstätten-Prinzip</u> (Functional Layout) sinnvoll ist.

Um festzustellen, ob für einen Betrieb Gruppentechnologie das "passende" Produktionssystem ist, sollten folgende Faktoren möglichst gut erfüllt sein:

o Eine große Anzahl von Teilen, die in kleinen bis mittleren Serien hergestellt werden, idealerweise mit periodischer Neuauflage der Serien, um gute Möglichkeiten zur Fertigungsfamilienbildung zu haben.

o   Ein Produktgemisch, das sich über eine gewisse Zeitspan-
        ne nicht stark ändert, um die Zusammensetzung der Ferti-
        gungszellen nicht zu gefährden.

o   Eine begrenzte Anzahl von Spezialmaschinen, da diese evtl.
        Engpässe bilden können.

o   Eine möglichst große Anzahl mehrfach vorhandener Werkzeug-
        maschinen, damit identische Herstellungsprozesse auf un-
        terschiedliche Zellen aufgeteilt werden können.

o   Ein nicht zu komplexer Fertigungsablauf, um die Anzahl der
        Maschinen begrenzt zu halten.

o   Eine möglichst große Gleichheit bei der Lohngestaltung,
        um die Flexibilität der Mitarbeiter für einen Arbeits-
        platzwechsel nicht zu gefährden.

Die Untersuchung dieser Eignungsfaktoren bezeichnet Thornley
als Voruntersuchung. Sollten die Faktoren erfüllt sein, so em-
pfiehlt der Autor eine anschließende Feinanalyse des Betriebs.
In dieser Untersuchungsphase soll mit Hilfe gezielter Fragen
bzw. Hinweise die Planung und Gestaltung der gruppentechnologischen Fertigungszellen vorgenommen werden und die wahrscheinlichen Auswirkungen der Produktion in dem neuen Organisationstyp vorherbestimmt werden.
Mit Hilfe der Eignungsfaktoren und der anschließenden Feinanalyse ist es möglich, über die reine Planung von Fertigungsfamilien und -zellen hinaus, die möglichen Veränderungen im
Betriebsablauf im vornherein zu beschreiben.
Die Dauer dieser Analyse, die selbst bei einem Einsatz eines
erfahrenen Gruppentechnologie-Analytikers von Thornley auf
6 bis 9 Mannmonate für einen Betrieb mittlerer Größe geschätzt
wird, läßt diese Methode jedoch aus Kapazitätsgründen bei vielen
Betrieben nicht zur Anwendung kommen.

GT-Feinplanung

Schon 1968 beschrieb Pollak /36/ die Vorteile, die ein Indu-
striebetrieb "durch Nutzung der Wiederholung" erlangen kann.
Pollak sieht die Vorteile nicht nur in einer Verringerung
des Aufwandes im direkten Fertigungsbereich, sondern auch
"bei der Erstellung der organisatorischen Erstausrüstung".
Dieses Thema wird von den anderen Autoren nicht oder nur
nebensächlich behandelt. Pollak beschreibt in sehr ausführ-
licher und praxisnaher Form, wie und in welchem Ausmaß sich
die Einführung der Gruppentechnologie im Planungsbereich
auswirkt bzw. auswirken kann.

Schon der Verkaufsbereich benötigt Verkaufsunterlagen, in
denen die Produkte nach Standardausrüstung, Varianten und
Sonderausrüstungen gegliedert sind.

Pollak geht dann detailliert auf den GT-gerechten Aufbau von
Zeichnung und Stückliste ein und verweist auf die Notwendigkeit einer entsprechenden Teileklassifizierung. Die zu diesem
Zeitpunkt bekannten Formenschlüssel berücksichtigen zwar die
Belange der Konstruktion, nicht jedoch die der Fertigung. Hier
erwartete Pollak von den damals in der Entwicklung befindlichen,
fertigungsorientierten Klassifikationssystemen, wie sie z.B.
von Tuffentsammer/Lutz /37/ vorgestellt wurden, erhebliche
Verbesserungen.
Fertigungsorientierte Teileklassifikation bildet dann auch
die Grundvoraussetzung für die Arbeitsvorbereitung und Ar-
beitssteuerung, um über Standard- und Variantenarbeitsplan,
bzw. über die Bildung von Scheinserien alle Vorteile der
Gruppentechnologie nutzen zu können.
Die konsequente Weiterverfolgung des GT-Gedankens sieht
Pollak dann in einer, den gebildeten Teilefamilien entsprechenden Bildung von "Maschinengruppen". Durch die Zusammenstellung von Maschinengruppen entsteht die Voraussetzung gegeben für:

- eine straffere Fertigungssteuerung
- die Verkürzung der Transportwege,
- die Verkürzung der Durchlaufzeiten
- die Möglichkeit zum Überlappen der Fertigung.

Fast im gleichen Absatz verweist Pollak auch auf die großen
Schwierigkeiten, die mit der Einführung von Gruppentechnologie
im Fertigungsbereich verbunden sind, da in der Praxis das Konzept der Maschinengruppierung für eine Teilefamilie auf mannig-
faltige Weise durchbrochen werden kann. Die hauptsächlichen Gründe
dafür liegen seiner Meinung nach zum Zeitpunkt seiner Veröffent-
lichung:

- im Fehlen geeigneter Maschinen
- in der Über- oder Unterlastung einiger
  Maschinen der Maschinengruppe,
- in der notwendigen Hinzuziehung von
  "Fremdteilen" in die Teilefamilie, um
  Maschinengruppen besser auslagern zu
  können, bzw.
- in oftmals notwendigen Sonderarbeitsgängen
  einiger Teile, die dazu aus der Maschinengruppe ausgesteuert werden müssen.

Diese Abweichungen führen zu einer Mischung unterschiedlicher Auf-
tragscharakteristiken und zu einer komplizierteren Fertigungssteuerung.

Ob die Einführung von Gruppentechnologie im konkreten Planungsfall
sinnvoll ist oder nicht, will Pollak auch nicht generell entscheiden. Dem Praxisverhalten Rechnung tragend führt er an: "Die richtige Antwort auf die offenen Fragen kann nur durch eine Untersuchung
der jeweils vorliegenden Verhältnisse gegeben werden" (/36/ S. 287).
Und an anderer Stelle: "Die Überlegungen müssen gründlich sein -
dafür braucht man Zeit. Man wird je nach Größe des Unternehmens
nicht umhin können, für diese Aufgaben geeignete Kräfte freizu-
stellen" (/36/, S. 303).

Wie auch Thornley /20/ verweist Pollak auf die Notwendigkeit von
repräsentativen Stichprobenuntersuchungen von Experten, wobei er
sich über den dafür notwendigen Aufwand durchaus bewußt ist.
Mit Hilfe der Ausführungen von Pollak ist der an Gruppentechnologie interessierte Anwender sehr gut in der Lage, die zur Einführung dieser Technologie notwendigen Maßnahmen in seinem Betrieb

vorauszusehen und abzuschätzen. Vom Detaillierungsgrad der
Planung her gesehen ist das Vorgehen von Pollak einer "Feinplanung" zuzuordnen. Im Vergleich zur vorliegenden Arbeit, die
eine schnelle Bereitstellung von Schätzwerten im Vorplanungs-
stadium zum Ziel hat, können die Anleitungen von Pollak als
Fortsetzung der Planungsarbeiten im Feinplanungs- und Reali-
sierungsstadium bezeichnet werden.

Checklisten

Eine ähnliche Vorgehensweise zur Untersuchung eines Betriebes
mit dem Ziel der Einführung von Gruppentechnologie beschreiben
Leonard und Rathmill /38/ . Sie stellen eine "Checkliste" vor,
die speziell dafür erarbeitet wurde, die Eignung des untersuchten Betriebes festzustellen.
Die zahlreichen Fragen, die diese Checkliste enthält, sind in
insgesamt 9 Komplexe aufgeteilt, die wiederum für folgende
Bereiche gelten:

A   Konstruktion

B   Produktions- und Arbeitsgestaltung

C   Qualitätskontrolle

D   Einkauf

E   Kosten

F   Produktionsplanung- und Lagerkontrolle

G   Direkte Arbeit

H   Verkauf und Marketing

I   Management

Innerhalb dieser Fragenkomplexe werden dann Einzelfragen ge-
stellt, wie z.B.:

A_____Konstruktion

o   In welchem Ausmaß könnte ein Klassifizierungs- und Codie-
        rungssystem das Wiederauffinden von Zeichnungen steigern?

o   Könnte Klassifikation und Codierung doppelte Vorrichtungs-
        und Werkzeugerstellung verhindern?

oder:

<u>B   Produktions- und Arbeitsgestaltung</u>

o   Könnte Gruppentechnologie die Mann-Maschinen-Auslastung
       steigern?
o   Welche Kosten würden entstehen, wenn man die Produktions-
       daten auf einen erforderlichen Stand bringt?

Diese Fragen sollen den Untersuchenden dazu anleiten, besondere
Faktoren oder Problemkreise, die sich hinsichtlich der Einführung von Gruppentechnologie als ausschlaggebend erwiesen haben,
gezielt zu untersuchen und damit auch gleichzeitig mögliche
Auswirkungen festzustellen.

Bewertungs-Profil (Appraisal Profil)

Als Weiterführung der Anwendung der oben beschriebenen Checkliste wurde von den gleichen Autoren das sogenannte "Appraisal
Profil" vorgestellt /22/ . Ziel dieses " Bewertungs-Profils "
ist es,die vielfältigen Daten aus der Befragung mit Hilfe der
Checkliste grafisch sichtbar zu machen, um damit einen Vergleich der Gruppentechnologie mit der Werkstatt möglich zu machen. Die Darstellungsweise dieses Bewertungs-Profils ist
aus Bild 11 als Beispiel ersichtlich.

In der Horizontalen werden die einzelnen Kriterien aufgelistet,
die bei der Untersuchung des Betriebs herangezogen werden, z.B.
Produktionstechnologie, Qualitätskontrolle. In der Vertikalen
werden dann die quantifizierbaren Einsparungen pro Kriterium
eingetragen, die mittels Checkliste ermittelt worden sind.

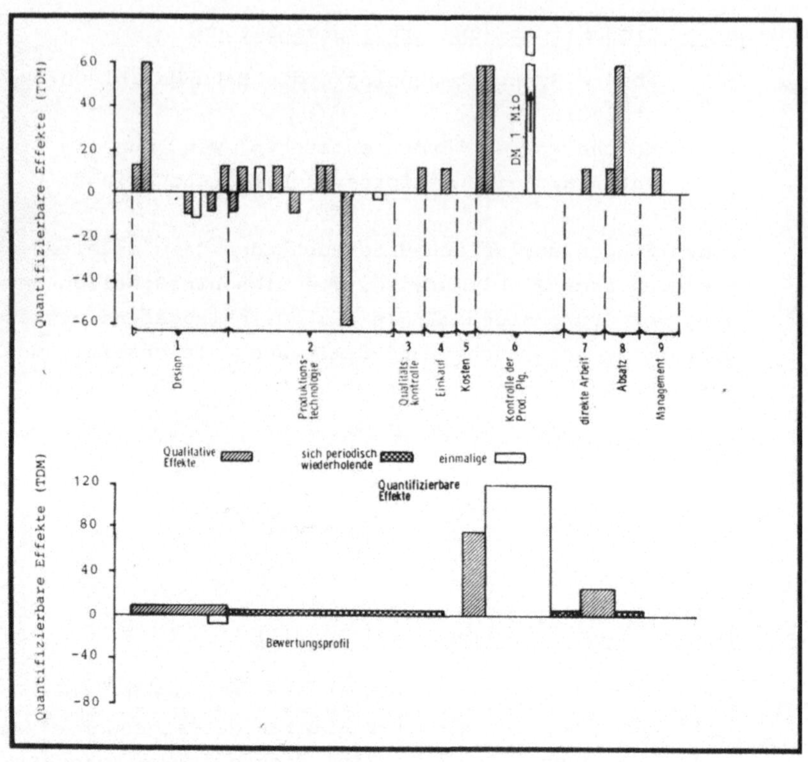

Bild 11: Übertragung der Kontrollisten-Ergebnisse in ein
Erscheinungsprofil /22/

Werden diese Einsparungen sowohl für die geplante gruppentechnologische Organisationsform als auch für eine verbesserte Form
des vorhandenen Organisationstyps, z.B. Werkstattfertigung, ermittelt, so läßt sich am Bild des Erscheinungsprofils - nach
Meinung der Autoren - unmittelbar ablesen, welcher Organisationstyp am vorteilhaftesten ist.
Wie die Autoren selbst erläutern, ist das Aufstellen des Bewertungs-Profils keine eigenständige Methode, sondern nur die
grafische Umsetzung der Ergebnisse der Checkliste.

Die Methode der Anwendung der Checkliste hat jedoch den schwer-
wiegenden Nachteil, daß die Fragen der Checkliste selbst nur
Hinweise auf das zu untersuchende Problem geben. Die Lösung des
angesprochenen Problems muß dann mittels Datenermittlung und/
oder Rechnung erst ermittelt werden. Damit ist die Anwendung
der Checklisten-Methode praktisch der GT-Feinanalyse nach Thornley gleichzusetzen und erfordert demnach den gleichgroßen Untersuchungsaufwand.

2.3 Bewertung der Methoden

Zusammengefaßt läßt sich feststellen, daß es zahlreiche Methoden
gibt, einen Fertigungsbetrieb hinsichtlich seiner Eignung zur
Einführung von Gruppentechnologie zu überprüfen.
Die anfangs erläuterten, allgemeinen Untersuchungsmethoden sind
im besten Fall dazu geeignet, bei der Bildung von Fertigungsfamilien und -zellen unterstützend behilflich zu sein. Keines-
falls sind sie dazu geeignet, Vorhersagen über ein zukünftiges
Betriebsgeschehen in einer Zelle zu liefern.

Auch die Methoden, die speziell im Hinblick auf die Einführung
von Gruppentechnologie untersucht wurden, sind für das in
dieser Arbeit gestellte Problem entweder noch unvollständig,
indem sie nur die Gruppenbildung berücksichtigen und Vorhersagen
nicht ermöglichen, oder aber sie sind - wie die Checklisten-
Methode zeigt - zu aufwendig und langwierig , um praxisgerecht
zu sein.

Von einer anwendungsgerechten, umfassenden Untersuchungsmethode
muß verlangt werden, daß sowohl

o   die Bildung der Fertigungsfamilien und der entsprechenden
        Fertigungszellen erfolgt,
o   als auch Aussagen über den Fertigungsablauf und die zu
        erwartenden Kostenveränderungen auf der Basis der realen
        Betriebsdaten möglich wird
o   und die Methode mit möglichst geringem Aufwand innerhalb
        kürzester Zeit Ergebnisse liefert.

Insbesondere zur Erfüllung des zweiten und dritten Punktes
bietet sich die Simulation als eine Methode an, mit deren Hilfe
innerhalb akzeptabler Zuverlässigkeitsgrenzen zu erwartende
Veränderungen innerhalb der Fertigungszelle aufgezeigt und
bewertet werden können.

3 Einsatz der Simulationstechnik im Produktionsbereich

3.1 Grundlagen der Simulation

Für das Gebiet der Simulation hat sich heute noch keine einheit-
liche Definition durchgesetzt. Allgemein wird unter Simulation
das Verfahren verstanden, reale oder gedachte Systeme anhand von
Modellen zu untersuchen /39/.
Zur Simulation ist demnach notwendig, ein reales System nach
außen hin abzugrenzen, es in irgendeiner Form abzubilden, das
Geschehen in dieser Abbildung ablaufen zu lassen und die gewon-
nenen Ergebnisse wieder auf das Realsystem zu übertragen.
Zeigler /40/ stellt diese Zusammenhänge sehr pragmatisch im
Bild 12 dar.

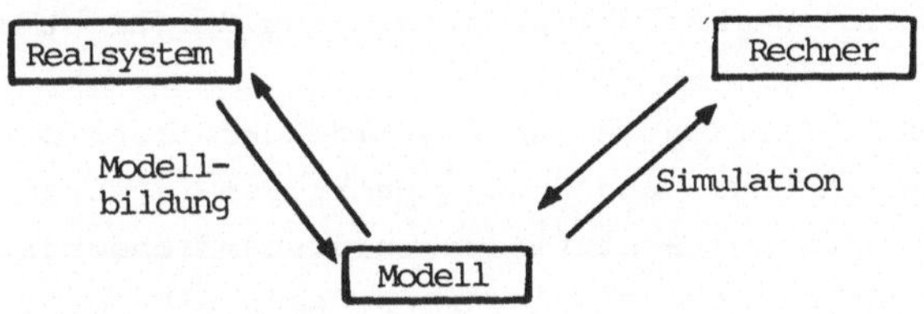

Bild 12: Basiselemente und Zusammenhänge der Modellbildung
und Simulation

Simulationen, bei denen eine größere Datenmenge bewältigt werden muß, werden heute fast ausschließlich auf Digitalrechnern
durchgeführt. Dieses Verfahren ist so selbstverständlich geworden, "daß in vielen Fällen Simulation nur noch als Anwendung
programmierter Modelle auf Digitalrechnern verstanden wird"
(Weck /37/).

Nähere Erläuterungen zu grundsätzlichen Begriffen und Untersuchungen zur Simulationstechnik können in der entsprechenden
Literatur (Klir /41/, Ropohl /42/ usw.) nachgelesen werden.

3.2 Anwendung der Simulationstechnik in der Produktion

Die Unterschiede in der Simulationstechnik und ihre jeweilige
Anwendung für Fertigungsprozesse werden von Weck /39/ ausführlich behandelt. An dieser Stelle soll nur näher auf die Simulationstechnik eingegangen werden, die für den Bereich der Teilefertigung in Frage kommt.

Die Nachbildung des Fertigungsprozesses erfolgt mit Hilfe der
diskreten Simulation. Hier wird der Prozeßablauf durch den Fluß
diskreter Elemente (Werkstücke) über die Systemkomponenten
(Lager und/oder Betriebsmittel) gekennzeichnet. Die Beschreibung
des Prozeßablaufs kann dabei objekt- bzw. ereignisorientiert
geschehen.
Bei der objektbezogenen Systembeschreibung eines Fertigungsablaufs wird der Werkstückfluß quasi "aus der Sicht des Werkstücks"
beschrieben.
Bei der ereignisorientierten Systembeschreibung wird der Ablauf
durch einen Anfangs- und Endzeitpunkt, sowie durch die zu diesen
Ereigniszeitpunkten stattfindenden Zustandsänderungen (Ereignisse) charakterisiert. Beispielsweise kann ein Fertigungsprozeß
durch die Ereignisse:

    o   Ankunft eines Werkstücks

    o   Beginn der Bearbeitung

    o   Ende der Bearbeitung

nachgebildet werden.

Zur Nachbildung des Fertigungsprozesses sind eine Reihe ganz
spezieller Modelle entwickelt worden (siehe auch Kapitel 3.3),
die unter dem Begriff "Warteschlangenmodelle" zusammengefaßt
werden. Die Warteschlangentheorie befaßt sich mit Ablaufproble-
men, die dadurch entstehen, daß Einheiten in unregelmäßigen
Abständen an einer Stelle ankommen und sie nur nacheinander
passieren können, die Verweilzeit der Einheiten an dieser Stelle
zufällig schwankt und sich dadurch Stauungen an dieser Stelle
bilden.

Die Grundstruktur eines Warteschlangenmodells in der Fertigung
sieht wie folgt aus:
Die zu bearbeitenden Lose (Teile) kommen vor einer Maschine an;
ist die Maschine gerade besetzt, reihen sich die Lose vor der
Maschine in einer Warteschlange ein und warten, bis sie "an der
Reihe" zur Bearbeitung sind. Die Reihenfolge der Bedienung der
Lose wird dabei durch Prioritäten bestimmt. Da die Abstände zwi-
schen den Ankünften der Lose und die Bedienungszeiten auf den
Maschinen zufällig streuen, werden diese durch stochastische
Prozesse, den Ankunfts- und Bedienungsprozeß, abgebildet. Nach
der Bearbeitung der Lose auf einer Maschine verlassen die Lose
entweder das System oder aber sie reihen sich wieder in eine
Warteschlange vor einer anderen Maschine ein.

Der Ablauf der Fertigung innerhalb eines gruppentechnologischen
Fertigungsablaufs läßt sich prinzipiell auf die gleiche Weise
beschreiben; das entsprechende Modell gehört demnach ebenfalls
zu den Warteschlangenmodellen.
Die wichtigsten Elemente darin sind die zu bearbeitenden Werkstücke (Lose) und die Betriebsmittel (Maschinen), auf denen die
Werkstücke bearbeitet werden. Losgröße, Arbeitsgangfolge, Reihen-
folge-Prioritäten und Kapazitätsgrenzen der Maschinen bestimmen
den Ablauf der Fertigung. Als charakteristische, veränderliche
und bewertbare Größen, die durch Veränderung der Steuerungsparameter beeinflußt werden, sollen durch die Simulation ermittelt werden: Durchlaufzeit der Lose, Kapazitätsauslastung der
Maschinen und Maschinenleerkosten.
Das Modell der Fertigungszelle soll nicht dazu dienen, die Fertigung hinsichtlich einer oder mehrerer Kriterien zu optimieren,
sondern einen Vergleich zwischen zwei Organisationsformen in der
Fertigung durch Simulation zu ermöglichen.
Nachfolgend sollen einige der bekanntesten Simulationsmodelle
dahingehend untersucht werden, ob sie diesen Anforderungen genügen.

3.3 . Untersuchung von Simulationsmodellen hinsichtlich ihrer Eignung für gruppentechnologische Organisationsformen

Zur Simulation des Betriebsgeschehens in der Produktion sind in der Vergangenheit eine Vielzahl von Simulationsmodellen erstellt worden. Eine ausführliche, vergleichende Diskussion einer Anzahl dieser Modelle hinsichtlich ihres Aufbaus und ihrer Eigenschaften wurde von Wegner und Heinemeyer /43/ vorgenommen. Dieser Vergleich wurde um weitere, von diesen Autoren nicht berücksichtigte, Simulationsmodelle ergänzt.

Eine stichwortartige Beschreibung der Modelle nach verschiedenen Kriterien ist aus Bild 13 ersichtlich. Insbesondere sollten diese Simulationsmodelle dahingehend überprüft werden, ob sie für die, dieser Arbeit zugrundeliegende Problematik, nämlich die Umstellung von Werkstatt- auf Zellenfertigung, geeignet sind. Ein direkter Vergleich der Simulationsmodelle erwies sich insofern als schwierig, als selbst bei gleicher Zielsetzung der Simulation den Modellen unterschiedliche Annahmen und Voraussetzungen zugrundelagen.
Unterschiede bei den einzelnen Simulationsmodellen bestehen zunächst einmal hinsichtlich ihrer Zielsetzungen. Überwiegend wird versucht festzustellen, wie sich unterschiedliche Prioritätsregeln (Abfertigungsregeln) auf den Fertigungsfluß bzw. das Durchlaufverhalten der zu fertigenden Lose auswirken.
Prioritätsregeln entscheiden darüber, welches von den vor der Maschine wartenden Lose als erstes zur Bearbeitung gelangt. Eine Auflistung und Erläuterung der gebräuchlichsten Prioritätsregeln ist als Anhang beigefügt.

Wie Heinemeyer und Wegner feststellen "sind die Bemühungen nach einer optimalen Prioritätsregel inzwischen eingestellt worden, da sie sich als nicht realisierbar herausgestellt haben. In einigen Fällen werden sogar trotz der Verwendung gleicher Regeln unterschiedliche Ergebnisse erzielt (z.B. Gräßler /44/, Reichelt /45/)."

Aufgrund dieser Erkenntnisse bemühen sich andere Autoren, die
Auswahl der Reihenfolgekriterien für die Prioritätsregeln dahingehend zu erweitern, daß zu den direkt auftrags- oder werk-
stattbezogenen Kriterien Kostenkriterien hinzugezogen werden.
Hauk /46/ beispielsweise bestimmt die Priorität aus der Höhe
der Herstellkosten und der anfallenden Konventionalstrafen bei
Terminüberschreitungen.
Summarisch stellen Hauk /46/ und Papendieck /47/ fest, daß
eine Regel immer nur für einzelne Einflußgrößen eine Verbesserung bringt, diese häufig aber sehr klein ist und durch erhöhten Verwaltungsaufwand bei komplizierteren Regeln leicht wieder
verlorengeht.

Bei den Optimierungskriterien der Modelle zeigt sich - wie bei
den Prioritätsregeln - eine Erweiterung um Kostenkriterien.
Wurde in früheren Arbeiten nur versucht, die Auslastung der
Kapazität, die Durchlaufzeit und die Anzahl der Aufträge in der
Warteschlange zu optimieren, so werden in Analysen neueren Da-
tums auch dispositive Kosten (Papendieck /47/, Tangermann /48/),
Verspätungskosten (Friedrich /49/), Kapitalbindung und Lager-
kosten (Hauk /46/, Müller /50/ mit herangezogen.

Zusammenfassend läßt sich feststellen, daß alle Modelle von einer
bestehenden, unveränderten Organisationsform ausgehen. Die meisten Modelle versuchen dann, die Auswirkungen der Veränderung
verschiedener Steuerungsparameter auf die Fertigung zu testen
und zu beschreiben. Unterschiede zwischen den Modellen bestehen
hauptsächlich hinsichtlich ihrer Optimierungskriterien, Modell-
variablen und -parameter.

In keinem der bisher bekannten Simulationsmodelle wird versucht
zu ermitteln, welche Auswirkungen im Fertigungsablauf zu erwarten sind, wenn das Organisationsprinzip der Fertigung von Werk-
statt- auf Zellenprinzip geändert wird. Um diese Auswirkungen
mit der bestehenden Fertigung vergleichen zu können, muß die
Simulation auf Basis der realen Betriebsdaten geschehen, insbesondere auch unter Beibehaltung bestehender Steuerungskrite-

rien, Losgrößen usw.

Diese Forderung erfüllt keines der betrachteten Simulationsmodelle. Aus diesem Grunde war die Entwicklung eines neuen Modells notwendig.

Autor	Hauk /46/	Papendieck /47/	Tangermann /48/	Pappas /51/	Brun /52/	Büchel /53/
Ziele	Wirkung der Prioritätsregeln,Einlastungsstrategie	Analyse der Eigenschaften eines Fertigungsbetriebes	Wirkung der Prioritätsregeln auf die Fertigungsterminplanung	Einfluß verschiedener Faktoren auf Wartezeit und Auftragsfortschritt	Richtlinien für Fertigungsterminplanung und -steuerung	Betrachtung einer allgemeinen Werkstatt über Markov-Prozeß
Optimierungskriterien	Min.Kapitalbindung, Terminverzögerungen,Liquiditätsschwankungen, Max.Kapazitätsauslastung	Min.dispositive Kosten, Max.Kapazitätsauslastung,optimale Prioritätsregeln	Min.Terminabweichungen,dispositive Kosten, optimaler Kapazitätsabgleich	Min.Warte-,Durchlauf- und Lieferzeit,Optimale Kapazitätsauslastung	Min.Durchlauf-und Transportzeit, optimale Losgröße	Verteilungsoptimum
Modellvariable	Kapazitätsauslastung;Einlastungsstrategie;Prioritätsregeln;	Maschinenanzahl, Auslastung,Bedarfsmenge,Losgröße	Reihenfolgeregeln, Kap.Auslastung, Losgröße	Kapazitätsauslastung,Belastung	Prioritätsregeln, Werkstattgröße, Kapazität,Auftragsankunft	Einrichtezeit, Losgröße
Modellparameter	Maschinenzahl, Belastungsart,Zahl der Produktionsaufträge	Termineinlastung, Masch.-Stillstandskosten	Einlastungsrechnung,Erzeugungsstruktur	Zahl der Aufträge, Maschinenzahl	Einplanungsart, Wartezeitbestimmung,Kapazitätsintervall	Zahl der Operationen,Tagesablauf, Ausschuß
Auftragserzeugung	zufällig	zufällig	zufällig	zufällig	zufällig	-
Einlastungsstrategie	variabel	nacheinander	nacheinander	x,b-Prozess	nach Dringlichkeitszahlen	-
Bearb.Zeitverteilung	normal	-	-	lognormal	-	lognormal
Maschinenüberg.Vert.	-	-	eindeutig	-	-	Markov-Prozeß
Wartezeitverteilung	-	-	-	normal	-	-
Datenerzeugung	empirisch (über Netzplan)	empirisch (über Erzeugnisstruktur)	empirisch (über Erzeugnisstruktur)	theoretische Verteilung	empirisch (über Betriebsunterlagen)	empirisch (über Betriebsunterlagen)
Programmiersprache	-	ALGOL	ALGOL	-	FORTRAN	GPSS
Prioritätsregeln	ZUF;LSOPZ; KSOPZ; ext.Prior.	KOZ;FCFS;ZUF;LOZ; TERM;SLACK;KTRUN;	KOZ;FCFS;SLACK; WERT;GW/KW; KOZ-FAT	-	Prioritätsfunktion	-

Bild 13: Vergleichende Übersicht über die untersuchten Simulationsmodelle

Reichelt /45/

Autor	Reichelt /43/	Müller /50/	Conway /54/	Leigh /55/	Wegner /56/	Stemmer /57/
Ziele	Analyse von Durchlaufzeitverteilungen und Systemverhalten	Analyse der Prozeßplanung bei mehrstufiger Mehrproduktfertigung	Wirkung der Prioritätsregeln	Optimale Maschinenbelegung bei unterschiedlicher Kapazitätsauslastung	Wirkung von Prioritätsregeln,Losgrößenvariationen	Zusammenhang Marktmodell,Produktionsmodell
Optimierungs-kriterien	Max.Kapazitätsauslastung,Minimierung der Teile,Verteilungsoptimum der Bearbeitungszeit	Minimierung der beeinflußbaren Kosten	Minimale Durchlaufzeit,Zwischenlagerkosten,Terminabweichungen,maximale Kapazitätsauslastung	Min.Durchlaufzeit Max.Arbeitskraftauslastung	Min.Durchlauf-und Wartezeit, Max.Auslastung, optimale Losgröße	Min.Durchlaufzeit, Max.Auslastung
Modell-variable	Auftragsstruktur, Auftragsarten, Prioritätsregeln	Prioritätsregeln, Auftragsdaten	Bearbeitungszeitverteilung,Prioritätsregeln, Maschinenzahl	Auslastung, Maschinenzahl	Kapazität, Losgröße, Prioritätsregeln	Auslastung
Modell-parameter	Häufigkeitsverteilung,Auslastung	Zufallszahlenfolge	Kapazitätsauslastung,Maschinen-Übergang	Zahl der Bearbeitungsgruppen, Zahl der Operationen	Maschinenzahl, Zahl der Aufträge, Zahl der Maschinengruppen	Maschinenzahl Vorgabe- und Rüstzeiten
Auftrags-erzeugung	zufällig	zufällig	zufällig	empirische Daten	zufällig	zufällig
Einlastungs-strategie	nacheinander	-	Poisson-Verteilung	negativ exponential	negativ exponential	-
Bearb.Zeit-verteilung	lognormal	zufällig	variabel	negativ exponential	eindeutig	eindeutig
Maschinen-überg.Vert.	matrixverteilt	eindeutig	gleichverteilt	matrixverteilt	eindeutig	eindeutig
Wartezeit-verteilung	-	zufällig	-	-	-	-
Daten-erzeugung	empirisch (über Betriebsunterlagen)	theoretische Verteilung	theoretische Verteilung	empirisch (über Betriebsunterlagen)	theoretische Verteilung	empirisch (über Betriebsunterlagen)
Programmier-sprache	-	FORTRAN	SIMSCRIPT II	-	SIMULA	FORTRAN
Prioritäts-regeln	KOZ;FCFS;SLACK;RA; Priorität aus Auftragsart	KOZ;FCFS;LOZ;SLACK; K-SLOW;K-SL	KOZ;ZUF;LOZ;TERM; SLACK;WERT;KOMB; NINQ;LWS	-	FCFS;LCFS;KOZ;WERT	-

Bild 13: Vergleichende Übersicht über die untersuchten Simulationsmodelle (Fortsetzung)

4.1   Das Modell der Werkstattfertigung

Die konsequente Einführung der Gruppentechnologie in einen Produktionsbetrieb hat weitreichende Auswirkungen auf alle Bereiche
des Unternehmens.
Die größten Veränderungen finden jedoch innerhalb des eigentlichen Fertigungsbereiches statt, da hier eine Neuorganisation
der Betriebsmittel und der Materialorganisation erfolgt.
Ausgangssituation für die Umstellung auf Fertigung in gruppentechnologischen Fertigungszellen ist die klassische Werkstattfertigung. Aus diesem Grunde ist es notwendig, zunächst ein Modell der Werkstatt zu beschreiben, dieses in ein Modell der
Zellenfertigung zu transformieren und im Anschluß daran, das
Verhalten des neu gewonnenen Modells zu ermitteln.

Bild 14 gibt den üblichen Aufbau einer Werkstattfertigung wieder.

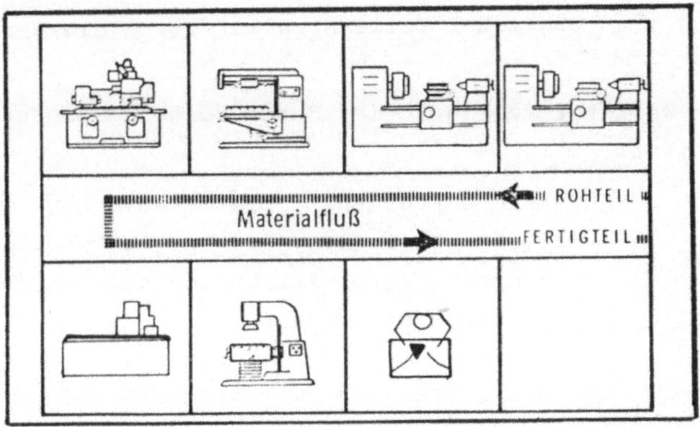

Bild 14:   Aufbau einer Werkstattfertigung

Den dabei theoretisch möglichen Teiledurchlauf zeigt Bild 15.

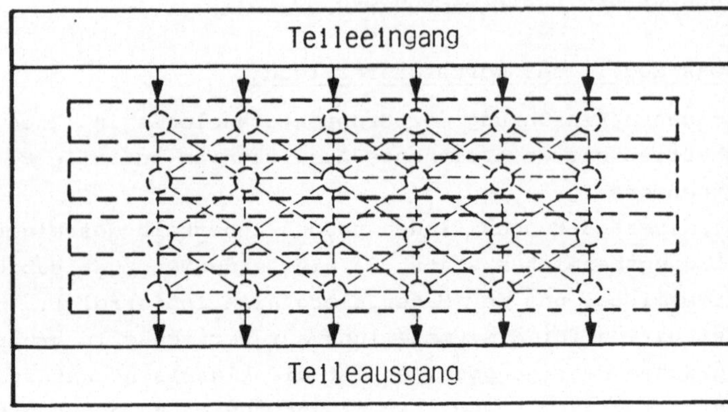

Werkstättenfertigung

◯ Bearbeitungsstationen

--- mögliche Durchläufe

Bild 15: Möglicher Teiledurchlauf durch die Werkstattfertigung

Die Werkstattfertigung ist durch folgende Eigenheiten charakterisiert:

● Aufgrund der großen Teilevielfalt gibt es keinen einheitlichen Teilefluß. Die Betriebsmittel werden daher entsprechend ihrer Art zu sogenannten Werkstätten gruppiert (Artaufstellung).

● Die Bearbeitung der Werkstücke erfolgt üblicherweise in Losen. Ein Los ist die Summe aller gleichartiger Werkstücke, die an einer Maschine nacheinander bearbeitet werden und als Ganzes zur nächsten Bearbeitungsstation transportiert werden.

● Zwischen den Werkstätten besteht eine nur lose zeitliche Kopplung, da aufgrund der großen Anzahl der Bearbeitungsfolgen der einzelnen Lose keine genaue zeitliche Koordination möglich ist.

4.2 Transformation der Werkstattfertigung in die Zellenfertigung

Um auf Basis der Gruppentechnologie in Fertigungszellen fertigen zu können, müssen folgende Schritte unternommen werden:

- Das vorhandene Teilespektrum muß nach einem zuvor festgelegten Klassifizierungsmerkmal in Fertigungsfamilien geordnet werden.

- Den Fertigungsfamilien entsprechend müssen Fertigungszellen aufgestellt werden. Dazu ist es notwendig, die bisherige Zuordnung der Werkzeugmaschinen zu einer Werkstatt aufzulösen und die Maschinen gemäß dem neuen Fertigungsablauf umzustellen.

- Da der Materialfluß im Zellenlayout anders verläuft als im Werkstattlayout, ist auch die Fertigungssteuerung so zu modifizieren, daß sie die Anlieferung der zu bearbeitenden Aufträge zur richtigen Zeit an die richtige Stelle sicherstellt.

- Die in der Werkstatt vorhandenen Arbeitsgruppen müssen in den meisten Fällen der Umstellung aufgelöst werden, da mit einer veränderten Maschinenanordnung auch eine veränderte Arbeitsgruppen-Zusammenstellung entsteht.

Eingehender betrachtet werden sollen an dieser Stelle nur die beiden erstgenannten Schritte, da ihre erfolgreiche Bearbeitung eigentliche Voraussetzung für die beiden anderen Schritte ist.

Die Umstellung von Werkstatt- auf Zellenfertigung ist beispielhaft im Bild 16 wiedergegeben.

Layout nach dem Werkstättenprinzip

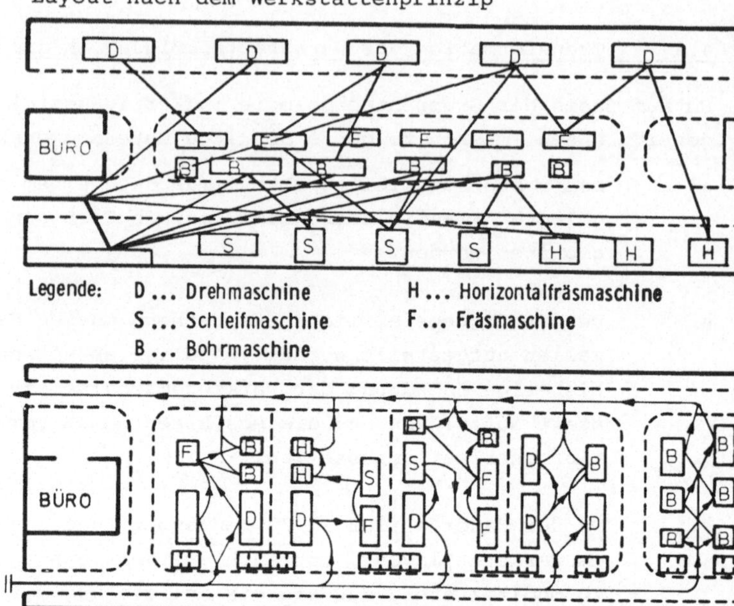

Bild 16: Beispiel einer Umstellung von Werkstätten- auf
          Zellenfertigung (Burbidge /6/)

Die Fertigungszelle weist gegenüber der Werkstatt also folgende
Veränderungen auf:

- Das zuvor ungeordnete Teilespektrum ist in Fertigungsfamilien geordnet.

- Zur Herstellung jeder Fertigungsfamilie ist eine bestimmte Anzahl von Maschinen notwendig. Diese Maschinen werden örtlich zusammengefaßt und bilden dann die Fertigungszellen.

- Innerhalb einer Fertigungszelle wird eine Fertigungsfamilie komplett vom Rohteil bis zum Fertigteil bearbeitet.

- Der Materialfluß im gesamten Fertigungsbereich ist wesentlich vereinfacht, da ein Materialfluß zwischen den
  einzelnen Fertigungszellen nicht stattfindet.

Unverändert geblieben sind:

- Die Art und Anzahl der herzustellenden Teile im Betrieb.

- Die Art und Anzahl der insgesamt zur Verfügung stehenden Betriebsmittel mit ihren jeweiligen Leistungsdaten.

Während die Bildung der Fertigungsfamilien und der Fertigungszellen aufgrund der vorhandenen Teile- und Maschinendaten konkret durchführbar ist, kann eine Aussage über das technisch-organisatorische Verhalten der Fertigungszellen nur mit Hilfe der Fertigungsplandaten nicht erreicht werden. Hierzu ist es notwendig, die geplanten Zellen modellhaft abzubilden und in ihrem wahrscheinlichen Verhalten zu simulieren. Erst dann ist ein quantitativer (Wirtschaftlichkeits-) Vergleich der geplanten Zellenfertigung mit der bestehenden Werkstattfertigung möglich.

4.3 Das Modell der Zellenfertigung

Bei der vollständigen Umstellung einer Werkstattfertigung in Zellenfertigung entstehen mehrere Fertigungszellen. Diese verschiedenen Fertigungszellen fertigen jeweils eine andere Fertigungsfamilie und können auch unterschiedliche Maschinenarten und -anzahl aufweisen, sind jedoch in ihrem prinzipiellen Aufbau wieder gleich. Aus diesem Grunde soll zukünftig nur noch von der Fertigungszelle, stellvertretend für alle anderen, im konkreten Fall ebenfalls zu installierenden Zellen gesprochen werden.

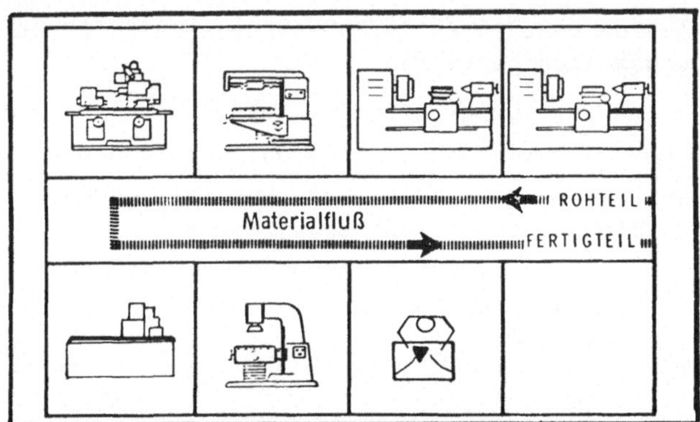

Bild 17: Beispiel einer Fertigungszelle

Die in das Modell der Fertigungszellen eingehenden Größen können
wie folgt eingeteilt werden:

1.   Größen, die die Bildung der Fertigungszelle beschreiben

      -   Anzahl der herzustellenden Teiletypen
      -   Art und Anzahl der zur Fertigung notwendigen
          Arbeitsfolgen
      -   Art und Anzahl der zur Fertigung notwendigen
          Maschinen.

2.   Größen, die die eigentliche Fertigungszelle beschreiben

      Dazu gehören:
      -   Art und Anzahl der in der Fertigungszelle befind-
          lichen Maschinen
      -   Anzahl der in der Zelle gefertigten Teiletypen.

3.   Größen, die den Ablauf in der Fertigungszelle beschreiben

      Der Ablauf wird gekennzeichnet durch:
      -   Losgrößen und Auflegehäufigkeit je Periode der zu
          produzierenden Teile
      -   Streuungen in der Losgröße
      -   Fertigungszeit (incl. Rüstzeit) pro Teil (Los)
          und Maschine
      -   Störhäufigkeit und -dauer pro Maschine
      -   Kapazitätsgrenzen der Maschinen
      -   Ausführungsprioritäten
      -   Arbeitsgangfolge der Lose zwischen den Maschinen.

4.   Größen, die die Fertigungskosten innerhalb der Ferti-
      gungszellen bestimmen

      Da die Fertigungsverfahren bereits schon vor der Ferti-
      gungszellenbildung festliegen, werden die weiteren Ferti-
      gungskosten im wesentlichen bestimmt durch:
      -   die Kapazitätsausnutzung der Maschinen
      -   die Kapitalbindung durch die in der Zelle
          befindlichen Teile.

	Beschreibende Grösse	Werkstatt	Fertigungszelle
Aufbau	Art der vorhandenen Betriebs-mittel	gleich (Artaufstellung)	unterschiedlich (Zweckaufstellung)
	Ordnungskriterium der Betriebs-mittel	Artgleichheit	Fertigungsfamilie
	Anzahl der vorhandenen Betriebs-mittel	entspricht der gesamten, im Betrieb notwendigen Kapazität des entsprechenden Fertigungsverfahrens	entspricht ungefähr der Anzahl der notwendigen Arbeitsvorgänge der Fertigungsfamilie
	Anzahl der zu bearbeitenden Teiletypen	gesamtes, im Betrieb vorhandenes Teilespektrum	entspricht der Größe der zu bearbeitenden Fertigungsfamilie
Ablauf	Reihenfolge der einzelnen Arbeitsgänge	technologisch bedingt	technologisch bedingt
	Ausführungsprioritäten der Aufträge	wird durch Fertigungssteuerung festgelegt	wird durch Fertigungssteuerung festgelegt
	Losgrößen	wird durch Fertigungssteuerung festgelegt	wird durch Fertigungssteuerung festgelegt
	Betriebsmittelzeit	technologisch bedingt	technologisch bedingt
	Rüstzeit	evtl. sehr groß, da sehr unterschiedliche Teile aufeinander folgen können	gering, da Teile innerhalb der Fertigungsfamilie ähnlich
	Transportzeit (pro Los)	groß, da nach jedem Fertigungsverfahren Werkstattwechsel notwendig ist	gering, da aufeinanderfolgende Fertigungsverfahren auf benachbarten Betriebsmitteln durchgeführt werden
	Durchlaufzeit (pro Los)	groß, da viel Wartezeit vor der Werkstatt entsteht	gering, da pro Zelle nur ein beschränktes Teilespektrum existiert
Kosten	Maschinenstundensatz	fix	fix
	Transportkosten	hoch	gering
	Kapitalbindungskosten	hoch	gering
	Kapazitätsauslastung aller Maschinen	Ausgleich leicht möglich	nicht bei allen in der Zelle benötigten Maschinen gleich gut

Bild 18: Vergleich Werkstattfertigung - Fertigungszelle

Die kostenmäßigen Auswirkungen einer veränderten Maschinen-
auslastung können z.B. mit Hilfe der Maschinenstundensatz-
rechnung berechnet werden.
Die Kapitalbindung errechnet sich aus Durchlaufzeit der Lose
und durchschnittlichem Wert der produzierten Teile.

Der Fertigungsablauf für die Fertigungszelle kann wie folgt
beschrieben werden:

- für eine festgelegte Planungsperiode wird bestimmt,
  wieviele Teile pro Teiletyp hergestellt werden und
  in welcher Losgröße sie bearbeitet werden sollen.
  Die Losgröße kann innerhalb vereinbarter Grenzen
  schwanken,

- über Fertigungspläne wird bestimmt, an welcher
  Maschine in welcher (Vorgabe-) Zeit die Lose bearbeitet werden,

- Anweisungen der Fertigungssteuerung bestimmen den
  zeitlichen Eintritt eines Loses in den Fertigungsbereich und die Entscheidung, welches der gleichzeitig vor einer Maschine auf Bearbeitung wartenden
  Lose als erstes zur Bearbeitung gelangt,

- da die im Bereich vorhandenen Maschinen eine begrenzte Kapazität aufweisen, können gleichzeitig mehrere
  Lose vor einer Maschine auf ihre Bearbeitung warten
  - es entstehen Warteschlangen,

- die Lose benötigen für den Durchlauf durch die Fertigung eine bestimmte Durchlaufzeit. Diese Durchlaufzeit beinhaltet die Wartezeit vor der Maschine, die
  Bearbeitungszeit auf der Maschine, evtl. Wartezeiten
  während eines Maschinenausfalls und die Transportzeit
  zwischen zwei Maschinen. Die Durchlaufzeit beginnt
  mit dem Eintreffen des Loses vor der ersten Bearbeitungsmaschine und endet mit dem Abschluß der Bearbeitung des letzten Teils des Loses auf der letzten Bearbeitungsmaschine.

4.4 Gültigkeitsbereich des Modells

Bei der Abbildung des realen Betriebsgeschehens in ein Modell
müssen Abstriche an die Genauigkeit der Abbildung gemacht werden. Nicht jedes im Betrieb praktizierte Verhalten läßt sich
mit vertretbarem Aufwand in ein Modell übertragen. Sofern also
nicht durch diese Abbildungsungenauigkeiten das Modellverhalten
unvertretbar verfälscht wird, können die Ergebnisse der Simulation durchaus akzeptiert werden.
Für das vorliegende Modell wurden folgende Vereinfachungen bzw.
Einschränkungen gegenüber dem Realbetrieb getroffen:

a) Losbildung

    o   Bei jedem zu produzierenden Produkt sind drei ver-
schieden große Losgrößen möglich (kleinste, durchschnittliche und größte vorkommende Losgröße). Entsprechend der im Realbetrieb auftretenden Häufigkeit
wird per Zufallszahl eine Losgröße ausgewählt und in
die Fertigung eingesteuert.

    o   Eine Splittung des Loses zur gleichzeitigen Bearbei-
tung auf zwei gleichwertige Maschinen wird dadurch
simuliert, daß für dieses Los bei diesem Bearbeitungsvorgang nur die halbe Bearbeitungszeit angenommen wird.

    o   Eine Zusammenfassung von zwei Losen zu einem Los ist
unzulässig.

b) Betriebsmittel

    o   Jede Maschine kann nur ein Los gleichzeitig bearbeiten

    o   Jede Maschine, an der ein Arbeitsgang durchgeführt
werden soll, ist auch mit einem Bediener besetzt

    o   Eine Bearbeitungsstation kann mehrfach durchlaufen
werden.

    o   Es wird kein Ausschuß produziert.

d)   Fertigungsablauf

o   Es gibt kein absichtliches Liegenlassen eines Loses,
    ein eintreffendes Los wird so schnell wie möglich
    durch die Zelle geschleust

o   Vor den Bearbeitungsstationen sind Warteschlangen von
    beliebiger Länge zugelassen

o   Während der Simulationsdauer erfolgt die Auswahl des
    zur Bearbeitung kommenden Loses immer nach dem einmal
    festgelegten Prioritätskriterium

o   Die Bearbeitung des nächsten Loses an einer Bearbeitung
    station erfolgt erst dann, wenn das vorherige Los
    komplett bearbeitet ist.

d)   Fertigungszeiten

o   Als Bearbeitungszeiten werden die Vorgabezeiten ver-
    wendet

o   Die maximalen Kapazitäten der einzelnen Betriebsmit-
    tel liegen fest (in Betriebsstunden pro Schicht)

o   Als Rüstzeiten werden ebenfalls die Angaben des Ar-
    beitsplanes herangezogen. Ist das nachfolgende Los vom
    gleichen Typ wie das vorangegangene, fällt keine Rüst-
    zeit an

o   Störungen werden nicht nach ihrer Ursache differen-
    ziert, d.h. es ist gleichgültig, ob die Maschine eine
    Störung hat oder ob Werkzeugbruch vorliegt.

4.5 Quantitative Beschreibung der Modellgrößen

Wie bereits erwähnt, sind die größten Unterschiede der Fertigungszelle gegenüber der Werkstatt in der Veränderung von Durchlaufzeit, Wartezeit, Kapazitätsauslastung und Kosten für Transport, Zwischenlagerung, Maschinenleerzeit und Störungszeit zu
finden.

Im folgenden Kapitel sollen diese Kriterien qualitativ beschrieben werden, die durch die Simulation anschließend quantifiziert
werden.

Durchlaufzeit

In diesem Modell wird als Durchlaufzeit die Zeitdifferenz bestimmt, die aus der Ankunftszeit eines Loses in der Zelle und
dem Zeitpunkt des Bearbeitungsendes an der letzten Bearbeitungsstation entsteht. Die Ankunft eines Loses in der Zelle kann entweder durch den Eintritt in die Warteschlange vor der ersten Bearbeitungsstation oder - falls keine Warteschlange vorhanden -
durch den Beginn der ersten Bearbeitung bestehen.

Im Modell wird ferner davon ausgegangen, daß ein Los, sobald es
in der Zelle eingetroffen ist, so schnell wie möglich bearbeitet und auch transportiert wird. Ein bewußtes Liegenlassen eines
Loses oder Bevorzugung eines "Eildurchlaufes" ist zunächst noch
nicht vorgesehen.

Wartezeit

Die Wartezeit wird bestimmt als die Zeit vom Eintritt des Loses
in die Warteschlange vor der Bearbeitungsstation bis zum Beginn
der Bearbeitung des ersten Teils des Loses bzw. bis zum Beginn
des Umrüstvorganges an der Maschine für das Los. Wartezeiten
aufgrund fehlender Maschinenbediener sollen ausgeschlossen sein.
Warten gleichzeitig mehrere Lose in einer Warteschlange vor

einer Bedienstation, so wird das nächste zu bearbeitende Los mit
Hilfe zuvor festgelegter Prioritätskriterien bestimmt.
Da die Prioritätsregeln von Betrieb zu Betrieb unterschiedlich
sein können, ist in diesem Modell die wahlweise Anwendung folgender Prioritätsregeln vorgesehen:

a)   FIFO = first in - first out
      Das Los, welches als erstes in die Warteschlange einge-
      treten ist, wird als erstes bearbeitet.

b)   LIFO = last in - first out
      Das zuletzt eingetretene Los wird zuerst bearbeitet.

c)   LVF = low value first
      Das Los mit dem geringsten Wert* wird zuerst bearbeitet.

d)   HVF = high value first
      Das Los mit dem höchsten Wert* wird zuerst bearbeitet.

      * Dieser Wert kann jeder rechnerisch ermittelbare "Wert"
        sein, z.B. ein "Termin-Wert" oder ein "DM-Wert".

Kapazitätsauslastung

Unter Kapazitätsauslastung soll der zeitliche Anteil an der gesamt zur Verfügung stehenden Zeit verstanden werden, in der die
Maschine gerüstet wird oder eine Bearbeitung verrichtet. Als
gesamt mögliche Zeit ist die Schichtzeit im Betrieb heranzuziehen
Im Falle eines Stillstandes der Maschine soll differenziert werden, ob die Maschine aufgrund einer Störung stillsteht, oder aufgrund fehlender Teile. Da störungsbedingte Stillstände nicht
abhängig sind von einer bestimmten Organisationsform der Fertigung, sollen sie in diesem Fall nicht als Leerzeiten gewertet
werden. Wesentlich sind die Leerzeiten aufgrund fehlender Teile.
Die Veränderung dieser Zeiten in der Zelle gegenüber der vorherigen Werkstatt können Aufschluß über die Güte der neuen Organisationsform geben.

Ermittlung der von der Gruppentechnologie beeinflußbaren Kosten

Als weiterer Vergleichsmaßstab zwischen der simulierten Fertigungszelle und der vorhandenen Werkstättenfertigung dienen die ablaufbedingten Kosten. Als größte Kostenfaktoren werden im Modell herangezogen:

- o   Transportkosten
- o   Zwischenlagerkosten
- o   Maschinenleerkosten
- o   Störungskosten.

Aufgrund der geänderten Durchlaufzeit als Ergebnis der Simulation können anschließend die Einsparungen durch die geringere Kapitalbindung ermittelt werden.
Weitere mögliche Kosteneinsparungen durch gruppentechnologische Fertigung, wie z.B. Verringerung von Ausschuß und Nacharbeit, Verkleinerung des Roh- und Fertigteillagers, sollen in diesem Simulationsmodell nicht berücksichtigt werden, da sie kaum vorherplanbar sind und zum Teil erst nach Gewöhnung an die neue Organisationsform entstehen.
Gleiches gilt für die Qualitätskosten, d.h. Kosten für Fehlerverhütung, für die Prüfung zur Fehlerfeststellung und für Maßnahmen zur Fehlerbeseitigung.

Transportkosten

Soll ein Los zwischen den Bearbeitungsstationen der Fertigungszelle transportiert werden, so wird davon ausgegangen, daß sowohl ein geeignetes Transportmittel als auch der notwendige Transportarbeiter zur Verfügung stehen. Ferner wird der Transport dann sofort durchgeführt, wenn das letzte Teil an der Maschine bearbeitet worden ist.
Die Transportzeit (in Minuten) wird nach folgender Gleichung ermittelt:

$$TZ = \frac{LG}{TRG} \cdot (TW(Mi,Mj) \cdot C1 + C2) \qquad (1)$$

C1 stellt die Transportgeschwindigkeit dar, C2 eine Konstante für das Auf- und Abladen der Teile.

Die Transportkosten (DM) pro Los ermitteln sich dann wie folgt:

$$TK = TZ \cdot C3 \qquad (2)$$

In C3 sind die anteiligen Lohnkosten des Transportarbeiters und die des Transportmittels enthalten.

Zwischenlagerkosten

Zwischenlagerkosten entstehen dann, wenn das Los vor einem Betriebsmittel auf den Beginn der Bearbeitung warten muß. Die Wartezeit (min) wird bestimmt durch:

$$WZ = BBZ - AZ \qquad (3)$$

Da die Zwischenlagerkosten des Loses abhängig sind vom derzeitigen Wert der Teile, d.h. vom derzeitigen Bearbeitungszustand, muß zunächst der Zeitwert der Teile (DM/Stück) ermittelt werden:

$$ZW = RMW \cdot \prod_{i=1} (1 + WS(i)) \qquad (4)$$

Aus der Wartezeit (Gleichung 4) und dem Zeitwert (Gleichung 5) können dann die Zwischenlagerkosten für das Los (DM/Los) berechnet werden:

$$ZLK = LG \cdot ZW \cdot C4 \cdot \frac{WZ}{C5} \qquad (5)$$

Da die Lose unmittelbar nach der letzten Bearbeitungsstation aus der Zelle heraustransportiert werden sollen, fallen auch keine Endlagerkosten an.

Betriebsmittel-Leerkosten

Steht ein Betriebsmittel infolge fehlender Teile still, so entstehen Betriebsmittel-Leerkosten. Die Stillstandszeit beginnt

nach der Bearbeitung des letzten Teils des vorherigen Loses und
endet mit dem Beginn des ersten Teils des folgenden Loses bzw.
mit dem Beginn des Rüstvorganges für dieses Los.
Die Dauer der Leerzeit beträgt:

$$SSZ = EMS - BMS \qquad\qquad (6)$$

Daraus berechnen sich die Betriebsmittel-Leerkosten (DM) wie
folgt:

$$BMLK = \frac{SSZ}{C6} \cdot MSS \cdot C7 \qquad\qquad (7)$$

Störungskosten

Für die Dauer einer Störung des Betriebsmittels entstehen als
Kosten die Leerkosten des Betriebsmittels und die Zwischenlagerkosten des in Arbeit befindlichen Loses.

Unberücksichtigt bleiben Kosten für einen evtl. Einsatz eines
Reparaturmannes.

Der Zeitpunkt des Eintritts und die Dauer einer Störung werden
über Zufallszahlen festgelegt. Verteilung und Mittelwert der
Störungswahrscheinlichkeit wird durch reale Betriebsdaten festgelegt.
Die Störungskosten (DM) ergeben sich aus der Gleichung:

$$STK = SD \left(\frac{1}{C6} \cdot MSS \cdot C7 + \frac{1}{C5} \cdot LG \cdot ZW \cdot C4\right) \qquad\qquad (8)$$

Gesamte beeinflußbare Kosten

Die gesamten beeinflußbaren Kosten, die in diesem Modell berücksichtigt werden, setzen sich zusammen aus:

$$
\begin{aligned}
\text{GBK (DM)} = \quad &\text{Transportkosten} \\
+ \quad &\text{Zwischenlagerkosten} \\
+ \quad &\text{Betriebsmittel-Leerkosten} \\
+ \quad &\text{Störungskosten}
\end{aligned}
$$

$$
GBK = TK + ZLK + BMLK + STK \qquad (9)
$$

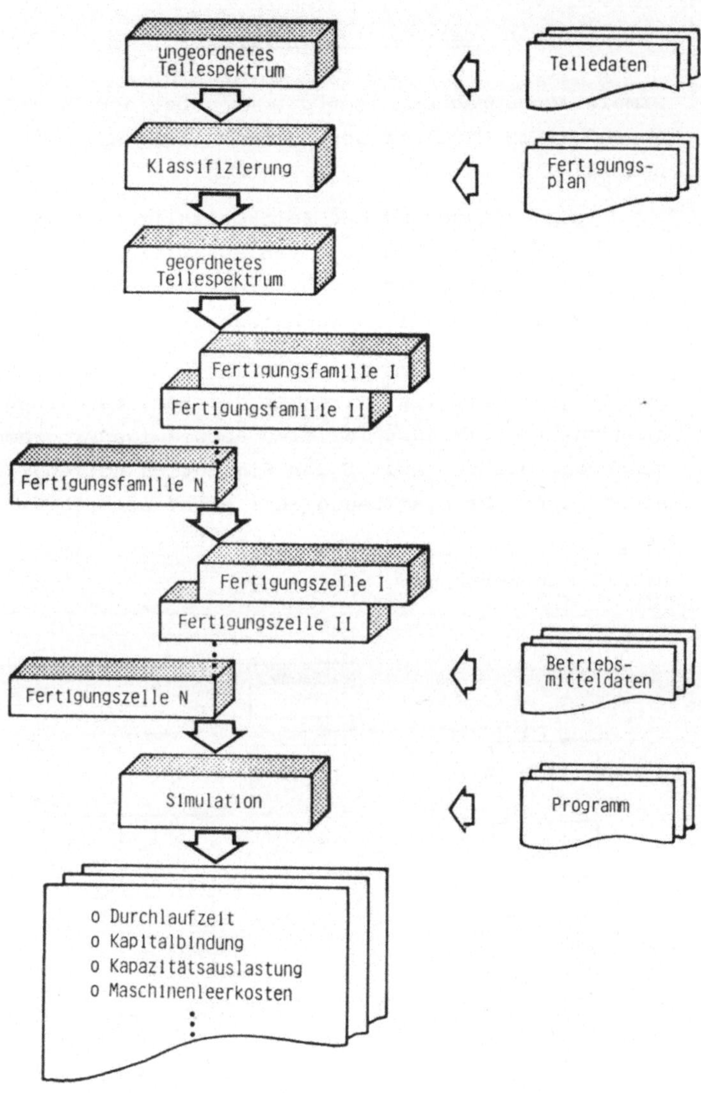

Bild 19: Vorgehen bei der Modellbildung und -simulation einer GT- Fertigungszelle

5 Programmtechnische Realisierung des Modells

5.1 Auswahl der Simulationssprache

Simulationssprachen haben die Aufgabe, dem Ersteller und
Anwender von Simulationsprogrammen folgende Problematik abzu-
nehmen:

- o   Steuerung des Zeitkontrollmechanismus
- o   Bereitstellung von Zufallszahlen
- o   Statistische Aufbereitung und Ausgabe der
       Simulationsergebnisse.

Dem Programmersteller wird mit der Bereitstellung der entsprechenden Programmbausteine eine aufwendige Programmierarbeit ab-
genommen, die zum Ablauf der Simulation notwendig ist, zur
eigentlichen Problemlösung aber nicht beiträgt.

Eine Aufteilung der bekanntesten Simulationssprachen ist
Bild 20 zu entnehmen.

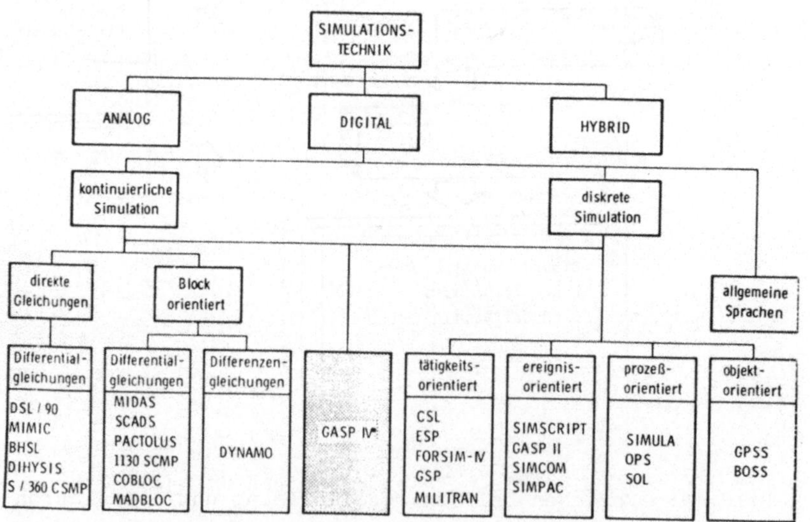

Bild 20: Aufteilung der wichtigsten Simulationssprachen /58/

Die Auswahl der Simulationssprache für die Simulation einer
Fertigungszelle erfolgte im wesentlichen nach den Kriterien:

1. Modellart
2. Simulationsart
3. Flexibilität gegenüber Änderungen
4. Ergebnisdarstellung.

Aus den zur Verfügung stehenden Simulationssprachen wurde
GASP IV der Vorzug gegeben /59,60/.
Diese Sprache ist eine Sammlung von FORTRAN-Unterprogrammen, die
entsprechend verknüpft werden müssen. Die Programmierung ist im
Vergleich mit GPSS umfangreicher, dafür ist die Sprache weitaus
flexibler in der Anwendung und komfortabler in der Auswertung.
Auch müssen bei Veränderungen einzelner Parameter nur die ent-
sprechenden Eingabedaten verändert werden.

GASP ermöglicht die Erstellung von Programmen zur Simulation von
kontinuierlichen, diskreten und "gemischten" Systemen. Allerdings ist es relativ schwierig, GASP IV in ein schon vorhande-
nes, eigenes Programm zu integrieren. Umgekehrt läßt sich das
GASP-IV-Programmsystem beliebig erweitern, um es einem speziel-
len Programm anzupassen.
Aufgrund dieser höheren Flexibilität können Umfang und Ablauf
der Simulation in weiten Grenzen variiert werden.

Entscheidend für die Auswahl von GASP IV war insbesondere die
Tatsache, daß eine evtl. Änderung der Steuerdaten (z.B. Änderung des Prioritätskriteriums) über Datenkarten eingegeben
werden kann und im Programm nichts geändert zu werden braucht.

5.2 Beschreibung des Simulationsprogramms

Wie bereits im Kapitel 4 bei der Entwicklung des Modells beschrieben, läuft der Vorgang der Planung und der Simulation von Fertigungszellen in zwei Stufen ab:

o   Stufe 1: Bildung der Fertigungszellen

o   Stufe 2: Simulation jeder einzelnen Fertigungszelle.

Dementsprechend ist das gesamte EDV-Programm auch 2-stufig aufgebaut.

5.2.1 Beschreibung des Programmteils ZELLENBILDUNG (ZELBI)

In Anlehnung an die Teileflußanalyse von Burbidge /32/ und Wolf /21/ wurde der Programmteil ZELBI (Zellenbildung) aufgestellt.

Ziel dieses Programmteils ist es, aus dem zunächst noch ungeordneten Teilespektrum und dem vorhandenen Maschinenpark des Betriebes eine Zuordnung von Teil-Arbeitsvorgang-Maschine in der Form zu finden, daß

    a)   Fertigungsfamilien und
    b)   Fertigungszellen

daraus abzuleiten sind.

Der formale Ablauf dieses Unterprogramms ist in Bild 21 dargestellt.

In das Programm eingegeben wurden die Daten:

o   Teileart und -anzahl
o   Betriebsmittelart und -anzahl
o   Arbeitsgangnummer und -bezeichnung
o   Zuordnung von Arbeitsgang und Maschine.

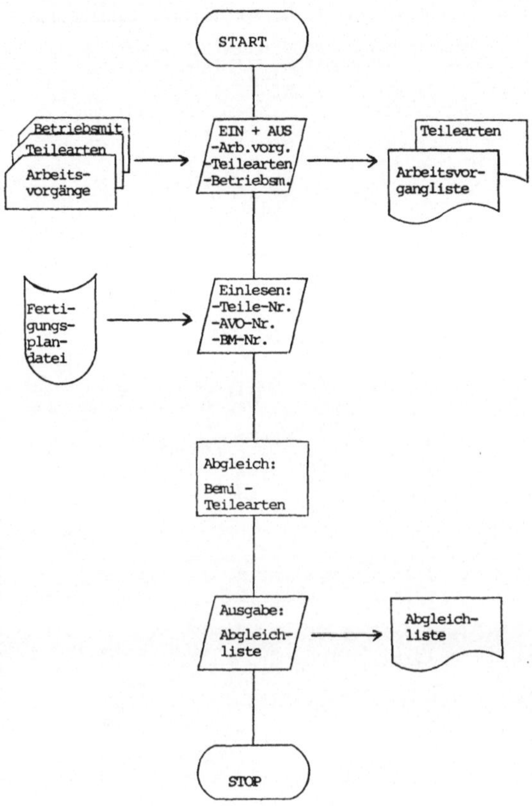

Bild 21: Programmablaufplan UP ZELBI

Mit Hilfe dieser Daten wird eine Matrix erstellt, in der die
Teile entsprechend ihren Arbeitsvorgängen und den dazugehörigen
Maschinen so abgeglichen werden, daß daraus unmittelbar die
Fertigungsfamilie und die dazugehörigen Betriebsmittel, die dann
die Fertigungszelle bilden, abgelesen werden können. Ein bei-
spielhaftes Ergebnis dieses Vorganges ist aus Bild 22 ersichtlich.

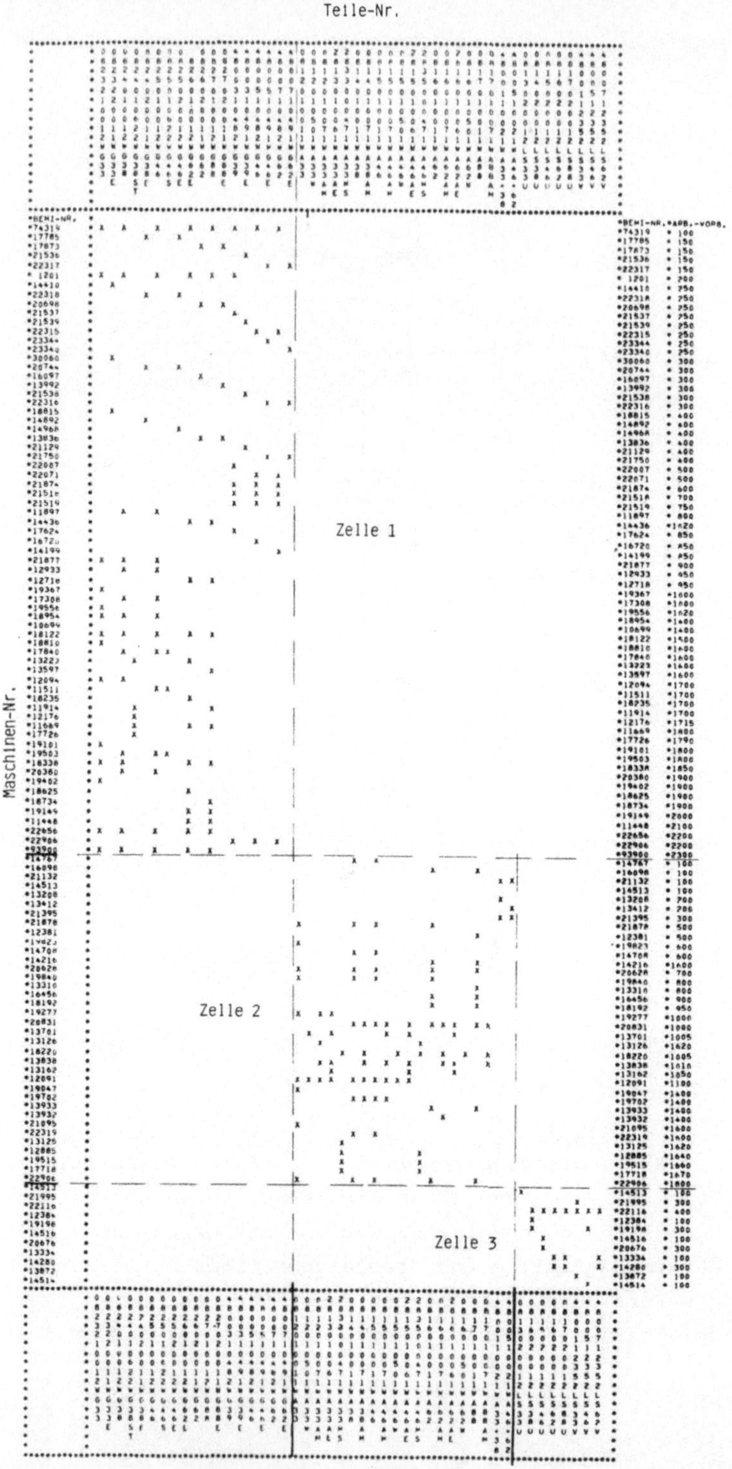

Teile-Nr.

Maschinen-Nr.

Zelle 1

Zelle 2

Zelle 3

Bild 22: Teile-Maschinen-Matrix

5.2.2 Beschreibung des Programmteils ZELLENSIMULATION (ZELSI)

Nachdem im vorangegangenen Schritt durch das Unterprogramm UP
ZELBI aus dem ungeordneten Teile- und Betriebsmittelspektrum
die möglichen Fertigungsfamilien und die dazugehörigen Fertigungszellen herausgefunden worden sind, soll im zweiten Schritt
jede Fertigungszelle mittels der Simulation dahingehend überprüft werden, wie sie sich im realen Betriebsgeschenen "verhalten" würde. Die Simulation der Fertigungszellen erfolgt mit
Hilfe des Programmteils ZELLENSIMULATION (ZELSI).

Aus Sicht des Benutzers besteht der gesamte Programmteil ZELLEN-
SIMULATION aus dem Hauptprogramm ZELSI mit seinen Unterprogram-
men und aus einer Anzahl von GASP-Unterprogrammen, die je nach
Bedarf aufgerufen werden.
Eine Übersicht über den vollständigen Simulationsablauf zeigt
Bild 23.

Eine tabellarische Übersicht der verwendeten Unterprogramme ist
im Bild 24 wiedergegeben.
Eine ausführliche Beschreibung der wichtigsten Unterprogramme
ist im Anhang beigefügt.

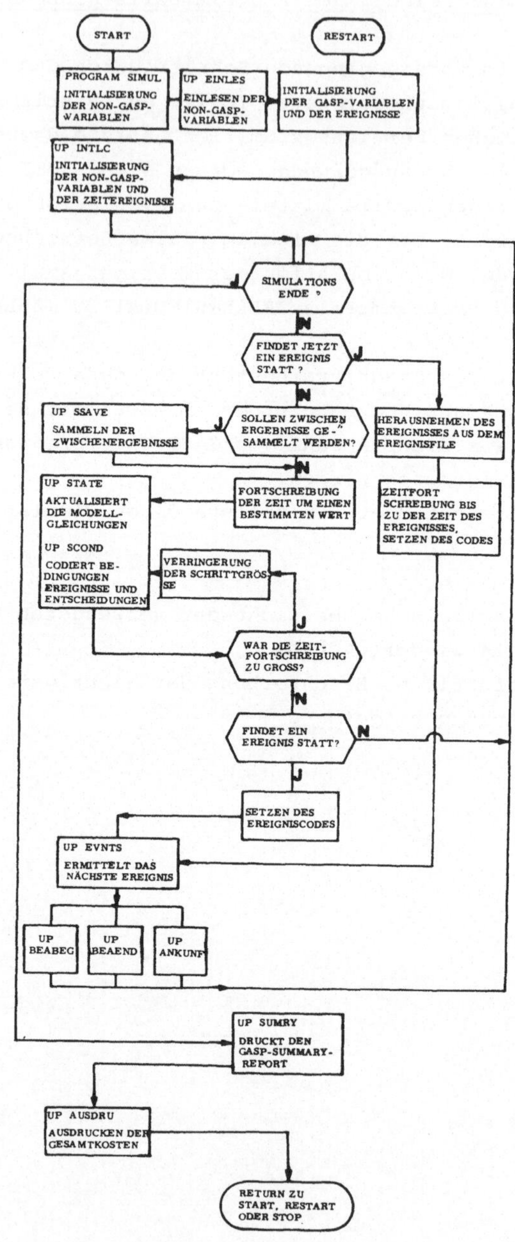

Bild 23: Übersicht über den Simulationsablauf

lfd.Nr.	Bezeichnung des Unterprogramms (UP)	Aufgabe des Unterprogramms
1	UP GASP	Steuerung des Simulationsablaufs, Initialisierung der übrigen Unterprogramme (z.B. Dokumentation)
2	UP DATIN	Initialisierung der GASP-Variablen, Aufruf von UP INTLC, Überprüfung auf Simulationsfehler, Ausdruck der Eingabedaten
3	UP HISTO	Erzeugung von Histogrammen, Klasseneinteilung der zu beobachtenden Werte, Häufigkeitsbetrachtung
4	UP COLCT	Statistische Erfassung und Dokumentation der beobachteten Variablen
5	UP TIMST	Statistische Erfassung und zeitliche Bewertung weiterer zu beobachtender Variablen
6	UP SUMRY	Erzeugung des GASP-IV-Standardausdrucks
7	UP FILEM	Eintragung von Daten innerhalb des Filesystems NSET/QSET, Erstellung von Statistiken für den File
8	UP RMOVE	Übertragung einer Eintragung aus IFILE in den Puffersektor ATRIB, Lösung im File
9	FKT DRAND	Pseudozufallszahlengenerator für gleichverteilte, im Intervall (0,1) liegende Zufallszahlen
10	FKT RNORM	Pseudozufallszahlengenerator für normalverteilte Pseudozufallszahlen
11	UP EINLES	Einlesen der Daten der Fertigungszelle über Datenkarten
12	UP AUSDRU	Berechnung und Ausdruck aller beobachteten Kostenarten während der Simulation
13	UP INTLC	Initialisierung des ersten Loses, Zuweisung entsprechender Attributwerte
14	UP EVNTS	Abfrage des Ereigniscodes bei Erreichung eines Ereigniszeitpunktes, Aufruf von UP ANKUNF, UP BEABEG oder UP BEAEND
15	UP ANKUNF	Festlegung der Maschine und des Bearbeitungsvorganges des ankommenden Loses, Generierung des folgenden Loses
16	UP BEABEG	Steuerung des Fertigungsablaufes, Ermittlung von: Maschinenstillstandszeiten, Maschinenleerkosten, Rüstzeiten, Störungszeiten und -dauer, statistische Erfassung der Daten
17	UP BEAEND	Ermittlung von: Transportweg und -zeit, Durchlaufzeit der Lose, Wartezeiten, Zwischenlagerkosten, statistische Auswertung der Daten

Bild 24: Tabellarische Übersicht über die verwendeten Unterprogramme

6.1   Überprüfung des Modells auf Abbildungsgenauigkeit

Um zu überprüfen, ob das im Kapitel 4 beschriebene Simulations-
modell die realen Verhältnisse in einem Fertigungsbetrieb mit
genügend großer Genauigkeit wiedergibt, wurde eine bestehende
Fertigung "nachsimuliert", in der bereits gruppentechnologische
Fertigungszellen aufgebaut waren.
Das Fertigungsprogramm bestand aus Leichtmetallteilen für
Schreibmaschinen mit insgesamt 45 unterschiedlichen Teiletypen,
die auf 102 Bearbeitsstationen bearbeitet wurden /61/.
Eine Übersicht über das Fertigungsprogramm zeigt Bild 25.

| | Wagenlaufschienen | | Wagenrundplatten | | Wagenaufnahmen | |
| Länge | SG 3/SGE 50 SGE 65 | | SG 3/SGE 50 SGE 65 | | SG 3/SGE 50 SGE 65 | |
(cm)	Stck.	%	Stck.	%	Stck.	%
33	1806	49	746	46	876	54
38	440	12	185	11	55	3
46	1198	33	574	35	580	35
62	230	6	115	7	109	7
83	8	0,2	4	0,2	4	0,2

Bild 25:   Produktionsprogramm des Untersuchungsbereiches,
            gegliedert nach Längen (cm)

Entsprechend den drei Fertigungsfamilien:
     o Wagenlaufschiene
     o Wagengrundplatte
     o Wagenaufnahme
waren drei gleichnamige Fertigungszellen aufgebaut, in denen
die Teile jeweils vollständig vom Rohteil bis zum Fertigteil
bearbeitet wurden.

6.1.1 Überprüfung des Programmteils "Zellenbildung" (ZELBI)

Zur Überprüfung des im Kapitel 5.2.1 beschriebenen Programmteils "Zellenbildung" (ZELBI) wurde das gesamte Teilespektrum,
die Fertigungsplandaten und die Arbeitsgangdaten ungeordnet in
das Programm eingegeben und entsprechend der Zielsetzung
"Zellenbildung" sortiert. Das Ergebnis des Zellenbildungspro-
zesses ist im Bild 22 bereits dargestellt. Danach sind aufgrund
der eingegebenen Daten insgesamt drei Fertigungszellen möglich.
Genau dieselbe Aufteilung war auch im realen Betrieb vorhanden.

6.1.2 Überprüfung des Programmteils "Zellensimulation"(ZELSI)

Von den drei vorhandenen Fertigungszellen wurde eine Zelle zur
Simulation ausgewählt. Das Layout dieser Zelle ist aus Bild 26
ersichtlich /62/:

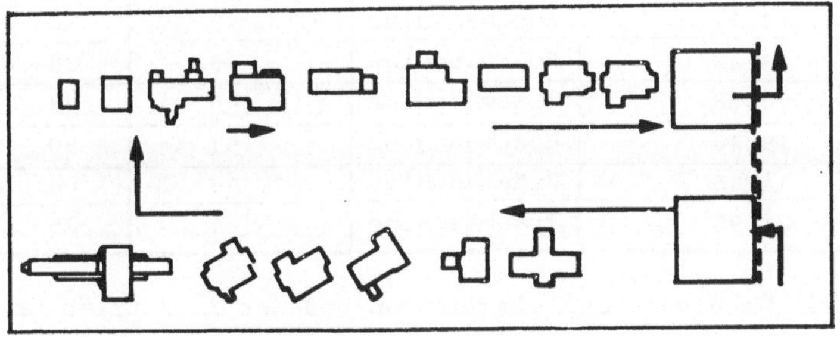

Bild 26:   Layout der Zelle "Wagenaufnahme"

Die Systemdaten für diese Zelle wurden mit folgenden Werten zur
Simulation eingegeben:

- Anzahl der Bearbeitungsstationen:
  (einschließlich 6 Handarbeitsplätzen):   26
- durchschnittlicher Fixkostenanteil der
  Maschinenstundensätze (Werksangabe):   22%
- Anzahl der Teiletypen: 20
- kalkulatorischer Zins für die
  Zwischenlagerkosten (Werksangabe):   20%

- Prioritätskriterium: FIFO
  (first in - first out)
- Dauer der Simulation: 1 Jahr
  (450 min/Tag; 220 Arbeitstage/Jahr)

Durch die Simulation wurden alle im Kapitel 4 beschriebenen
Modellgrößen ermittelt. Diese Simulationsergebnisse wurden dann
mit Daten aus dem realen Betrieb verglichen, die punktuell für
die wichtigsten Maschinen erhoben wurden. Als Beispiel soll ein
Vergleich der Kapazitätsauslastung angeführt werden.

Betriebsmittel-nummer	Maschinen-bezeichnung	Auslastungsgrad (%) Simulation	/ real
16456	Bohrmaschine	5	5
16098	Fräsmaschine	41	25
14216	Fräsmaschine	95	90
21878	Fräsmaschine	66	60
19277	Bohrmaschine	29	30
19702	Bohrmaschine	45	38
20628	Fräsmaschine	95	90
19840	Bohrmaschine	97	90
14708	Fräsmaschine	93	80
21095	Fräsmaschine	61	75

Bild 27: Vergleich der simulierten und der im Betrieb ermittelten Daten zur Kapazitätsauslastung einiger
Betriebsmittel

Die Abweichungen im Vergleich Realbetrieb - Simulation sind
daher erklärbar, daß zum Zeitpunkt der Erhebung der Realdaten
ein geringeres Fertigungsprogramm in Bearbeitung war, als es
bei der Simulation angenommen wurde.

Die während der Simulationsdauer ermittelten, von der Gruppentechnologie beeinflußbaren Kosten, wurden wie folgt beziffert
(siehe Bild 28):

```
GESAMTE ZWISCHENLAGERKOSTEN DER NOCH WARTENDEN LOSE            0

GESAMTE ZWISCHENLAGERKOSTEN DER FERTIGEN LOSE                .36

GESAMTE MASCHINENLEERKOSTEN                             61496.53

GESAMTE MASCHINENLEERKOSTEN LEERSTEHENDER MASCHINEN     1998.51

GESAMTE STOERUNGSKOSTEN                                        0

GESAMTE TRANSPORTKOSTEN                                   152.05

                                               ***************

GESAMTE BEEINFLUSSBARE KOSTEN                           63647.45
```

Bild 28:   Auflistung der Kostenarten und der gesamten beein-
           flußbaren Kosten (Rechnerausdruck)

Eine Nachkalkulation dieser Werte im Rechnungswesen des Werkes
ergab, daß diese Kostendaten mit nur geringen Abweichungen den
tatsächlichen Werten entsprechen.

Fasst man die Simulationsergebnisse dieses "Probelaufes" zusammen, so kann davon ausgegangen werden, daß sie in ausreichen-
dem Maße das reale Betriebsgeschehen wiederspiegeln. Daher kann
ebenfalls davon ausgegangen werden, daß die Daten, die durch
Simulation einer geplanten Fertigung in gruppentechnologischen
Fertigungszellen ermittelt werden,auch die reale, zukünftige
Betriebssituation darstellen.

6.2 Planung gruppentechnologischer Fertigungszellen in einer Zahnradfabrik

Im Anschluß an die Erprobung des Modells wurde dieses in einem mittelständischem Betrieb eingesetzt, der nach dem Werkstättenprinzip aufgebaut war. Ziel des Einsatzes war, zu überprüfen, ob eine Umstellung auf gruppentechnologische Fertigungszellen sinnvoll erscheint und welche Veränderungen im Fertigungsablauf sich daraus wahrscheinlich ergeben würden.

6.2.1 Kurzbeschreibung der Produktion

Der hierfür herangezogene Betrieb stellt pro Jahr ca. 250000 Zahnräder und Zahnstangen her. Der größte Teil der Gesamtstückzahl wird vorratsbezogen hergestellt und als sogenannte "Katalogteile" vom Lager aus vertrieben. Zusätzlich werden noch "Sonderteile" produziert, die Sonderfertigungen aufgrund von "kundenseitigen Sonderbedingungen" bedeuten und ausschließlich auftragsbezogen produziert werden.

Da die Sonderteile sich als nicht vorausplanbar erwiesen, im Fertigungsablauf keine größeren Abweichungen zu den Katalogteilen aufzeigten und aus Gründen der Vereinfachung der Untersuchung des Teilespektrums, wurden diese Teile zunächst ausgeklammert. Sie ließen sich im Falle einer Umstellung auf gruppentechnologische Fertigungszellen aufgrund ihres ähnlichen Fertigungsablaufs problemlos einer der vier Fertigungsfamilien und damit einer der vier geplanten Fertigungszellen zuordnen.

Die Teile aus dem Katalogteilespektrum wurden mit Hilfe einer ABCAnalyse um die Teile mit den geringsten Stückzahlanteilen bereinigt. Zur Simulation gelangte somit ein Teilespektrum von ca.69% des Gesamtspektrums (siehe Bild 29).

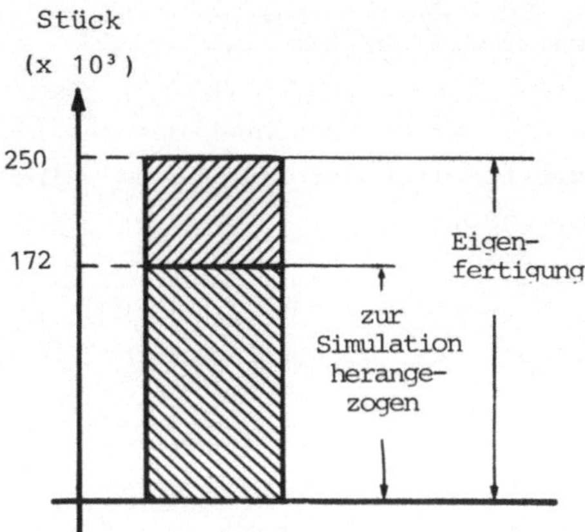

Bild 29:   Produktionsvolumen

Der Aufbau der Fertigung entspricht dem Werkstättenprinzip mit insgesamt ca. 25 Betriebsmitteln. Da die verschiedenen Werkstätten räumlich relativ weit auseinander liegen (siehe Bild 30), ist ein entsprechend hoher Transportaufwand zu betreiben.

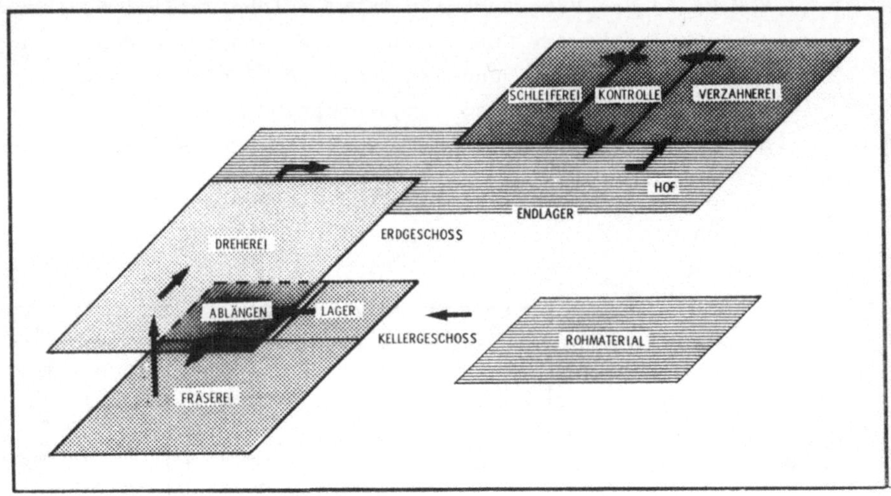

Bild 30:   Anordnung der Werkstätten im Gesamtlayout (Ist)

6.2.2 Vorgehensweise bei der Untersuchung

Die Vorgehensweise bei der Untersuchung des beschriebenen Fertigungsbetriebes hinsichtlich der Bildung und Simulation ist im Bild 32 aufgezeichnet.

Nach Aufnahme der notwendigen Produktionsdaten (Ist-Analyse) wurde im ersten Schritt das Teilespektrum in Fertigungsfamilien geordnet und über die Zuordnung der zur Fertigung notwendigen Betriebsmittel anschließend die Fertigungszellen gebildet.
Diese Fertigungszellen wurden einzeln mit den entsprechenden vorhandenen Ablaufdaten simuliert. Die so gewonnenen Simulationsdaten der Zellenfertigung werden dann mit den derzeitig gültigen Daten der Werkstattfertigung verglichen, um zu einer Entscheidung für oder gegen die Einführung von gruppentechnologischen Fertigungszellen in diesem Betrieb zu gelangen. Die quantitative Beschreibung der Simulationsergebnisse erfolgt im Kapitel 6.2.4.

6.2.3 Bildung von Fertigungsfamilien und Fertigungszellen

Mit Hilfe des Programmteils ZELBI (siehe Kapitel 5.2) wurden im ersten Schritt der Untersuchung die entsprechenden Teile-, Maschinen- und Arbeitsvorgangsdaten mit dem Ziel der Fertigungsfamilien- und Zellenbildung ausgewertet.
Es ergab sich die im Bild 33 dargestellte Teile-Maschinen-Matrix.

Für den Betrieb besteht folglich die Möglichkeit, 4 Fertigungszellen einzurichten (Bild 31):

Zelle 1	Zelle 2	Zelle 3	Zelle 4
Kettenräder	Stirnräder	Zahnstangen	Kegelräder
59 Teile-	27 Teile-	20 Teile-	29 Teile-
Typen	Typen	Typen	Typen
8 Masch.	7 Masch.	3 Masch.	5 Masch.

Bild 31: Aufbau der Fertigungszellen

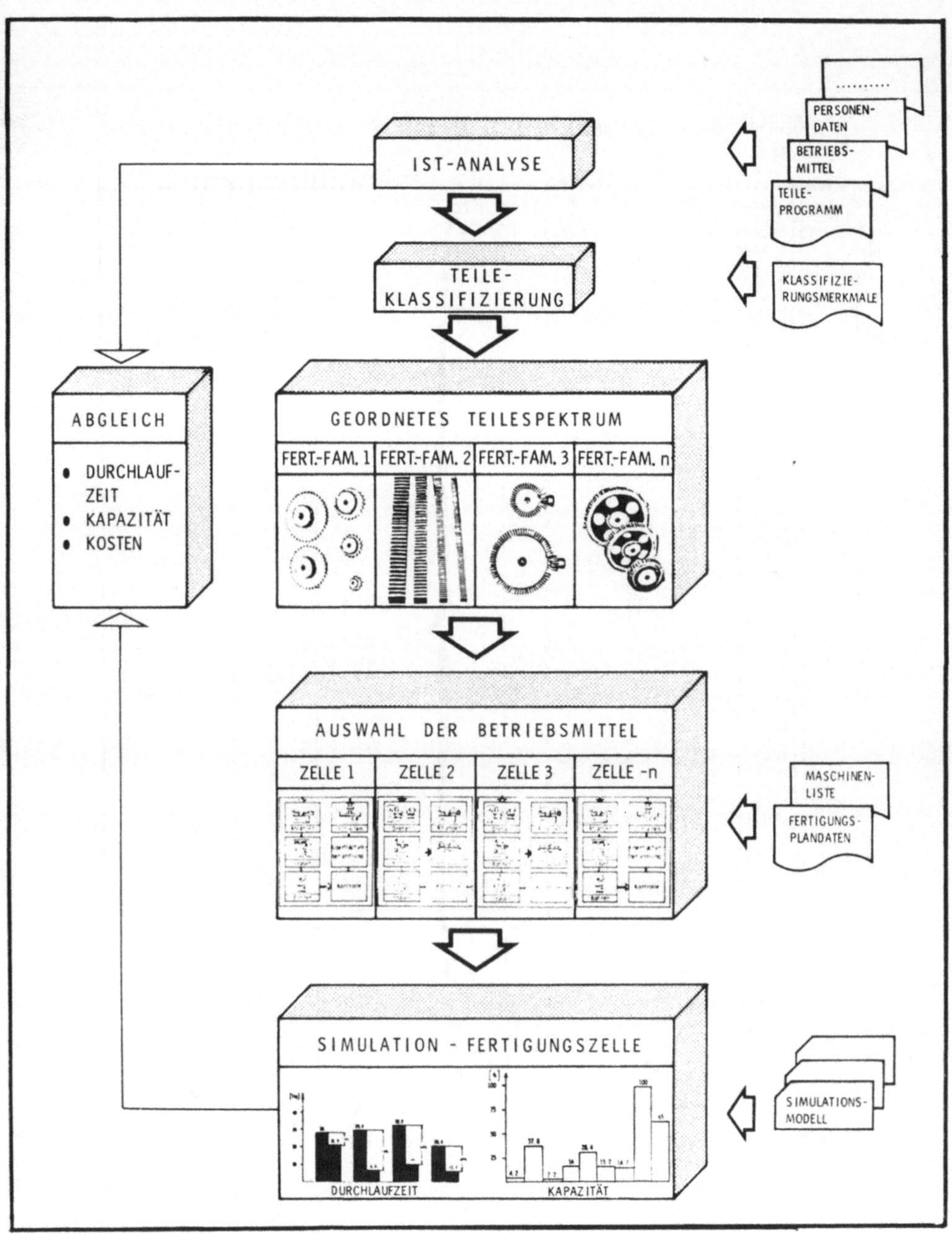

Bild 32: Vorgehensweise bei der Untersuchung

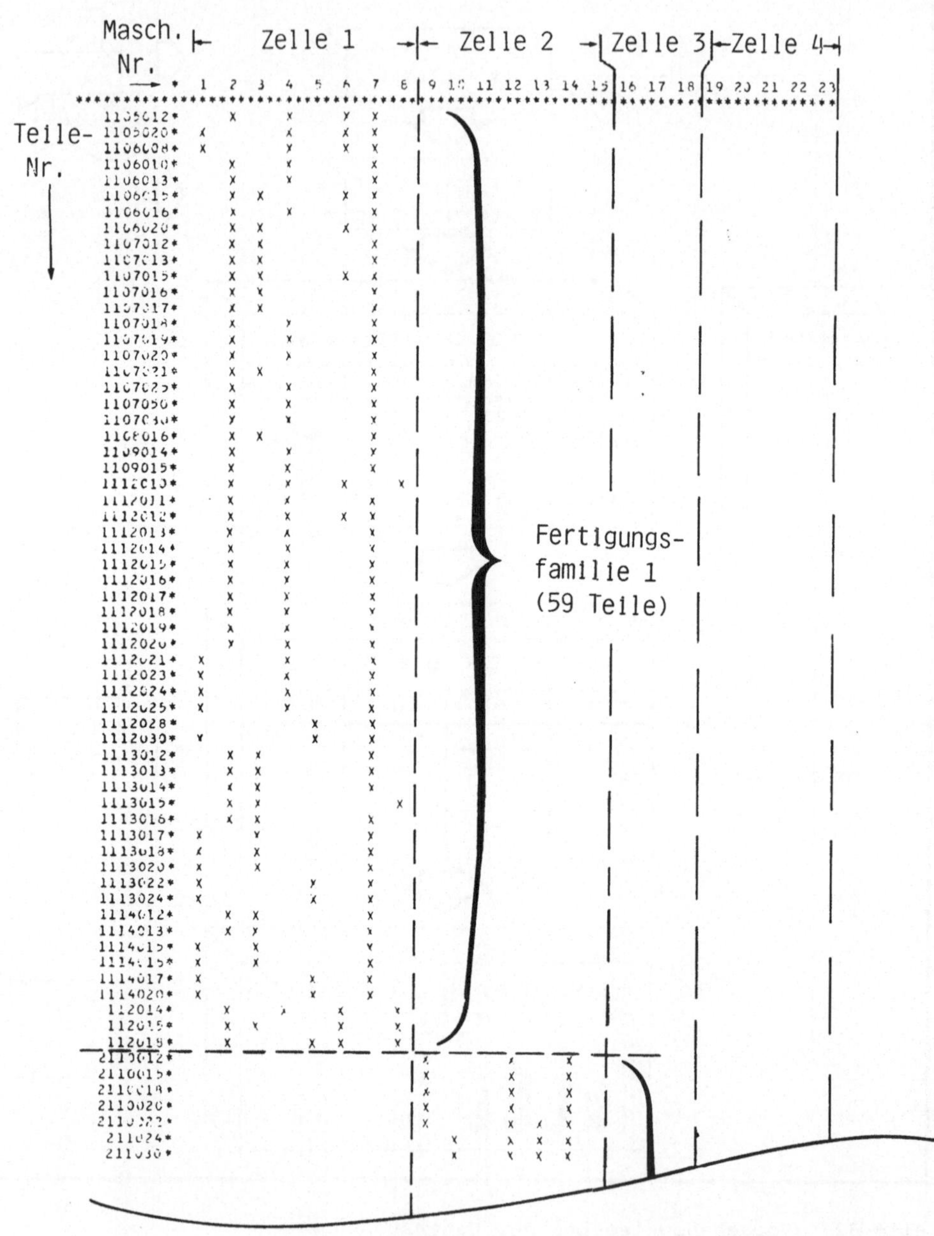

Bild 33: Teile-Maschinen-Matrix (Zahnradfertigung)

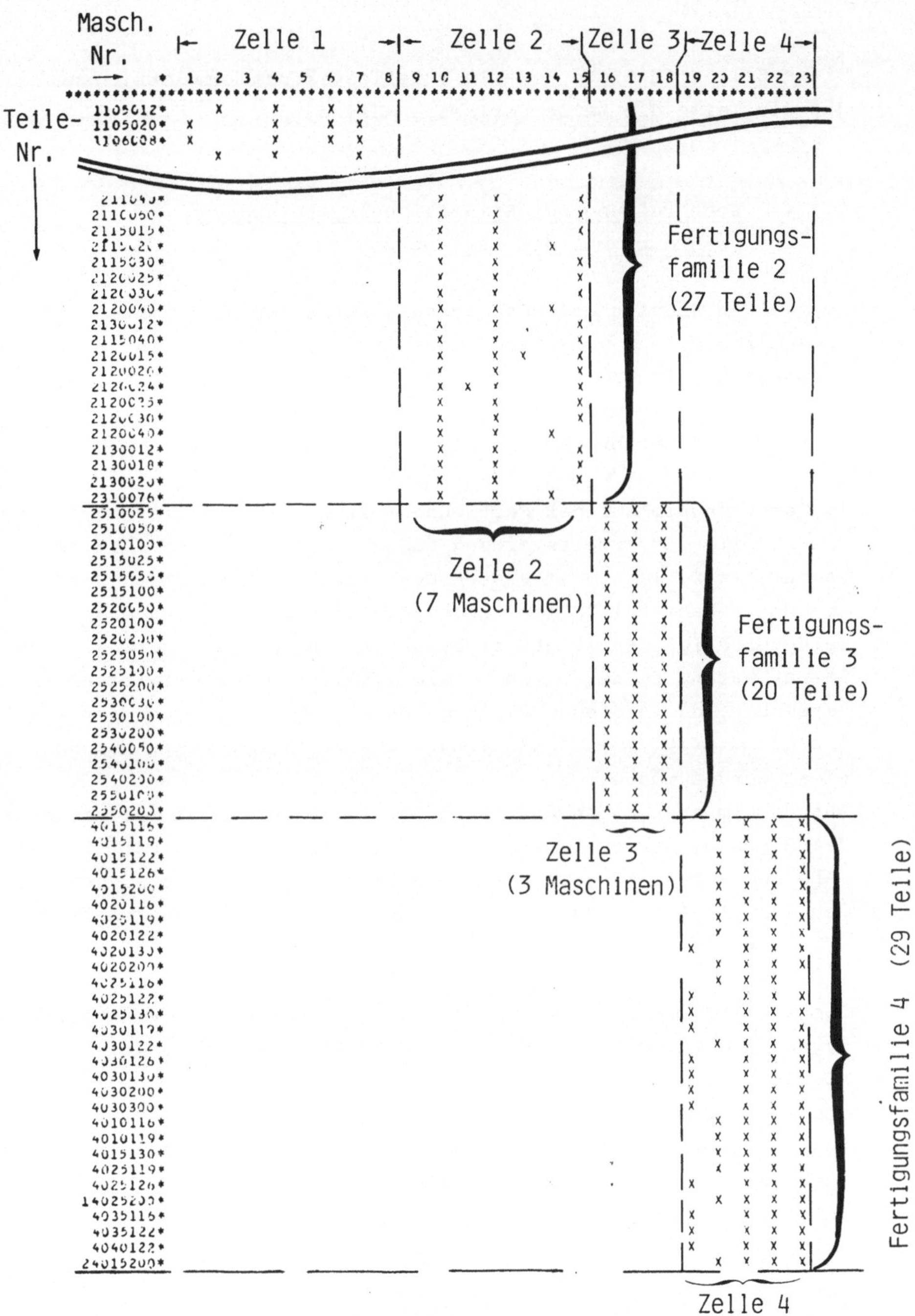

Bild 33:   Teile-Maschinen-Matrix   (Zahnradfertigung)
(Fortsetzung)

Diese Zellen fertigen jeweils 1 Teilespektrum komplett, ohne
daß die Teile die Zelle verlassen müssen.

6.2.4 Beschreibung der Simulationsergebnisse und Vergleich mit dem Ist-Zustand

Im zweiten Schritt der Untersuchung wurde der Programmteil ZELSI
herangezogen, und jede zuvor gebildete Fertigungszelle im Produktionsablauf simuliert. Die Simulationsdauer wurde auf 1 Jahr
festgelegt. Die zur Simulation verwendeten Größen wurden bereits
im Kapitel 4 beschrieben.

Im Fertigungsablauf der Fertigungszellen 1, 2 und 3 steht an er-
ster Stelle der Arbeitsvorgang "Sägen von der Stange". Im ersten
Layout der Zelle und im ersten Durchlauf der Simulation wurden
die Betriebsmittel "Sägen" noch jeweils der Zelle zugeordnet und
berücksichtigt. Es zeigte sich, daß die Sägen sehr gering ausgelastet waren, ferner waren Schwierigkeiten im Materialfluß vor-
hersehbar, da in diesem Planungszustand das benötigte sperrige
Stangenmaterial vom Rohteilelager zur Fertigungszelle transportiert werden mußte.
Aus dem im ersten Entwurf entstandenen Zellenlayout wurden daher
die Sägen wieder entfernt und zu der Werkstatt "Sägerei" in der
Nähe des Rohteilelagers zusammengefaßt. Von dort aus können die
Roh-Einzelteile leicht zu den entsprechenden Fertigungszellen
transportiert werden.

Die während des Simulationsdurchlaufes vom Rechner ermittelten
Ergebnisse wurden in Tabellen oder Grafiken ausgedruckt. Als Beispiele sind Auszüge der Statistiken von Durchlaufzeiten der Lose
und Kapazitätsauslastungen der Betriebsmittel dargestellt (siehe
Bild 34). Die Verteilung der Durchlaufzeiten pro Los wird geson-
dert in Form eines Histogrammes* dargestellt, wie das Beispiel
im Bild 35 zeigt.

*Histogramm (gr.-lat.) = graphische Darstellung einer
Häufigkeitsverteilung in Form von Säulen, die den
Häufigkeiten der Meßwerte entsprechen /63/.

STATISTICS FOR VARIABLES BASED ON OBSERVATION

	MEAN	STD DEV	SD OF MEAN	CV	MINIMUM	MAXIMUM	OBS
DZ(1)	.1367E+04	0.	0.	0.	.1367E+04	.1367E+04	1
DZ(2)	.2899E+04	.1480E+04	.8594E+03	.5134E+00	.1200E+04	.3974E+04	3
DZ(3)	.2711E+04	.1705E+04	.7626E+03	.6291E+00	.1593E+04	.5714E+04	5
DZ(4)	.3723E+04	.1504E+04	.7522E+03	.4041E+00	.1472E+04	.4577E+04	4
DZ(5)	.3977E+04	.1731E+04	.1224E+04	.4354E+00	.2752E+04	.5201E+04	2
DZ(6)	.2805E+04	.1314E+04	.9293E+03	.4686E+00	.1876E+04	.3734E+04	2
DZ(7)	.2672E+04	.7047E+03	.4983E+03	.1919E+00	.3174E+04	.4171E+04	2
DZ(8)	.2250E+04	.1095E+04	.6322E+03	.4865E+00	.1347E+04	.3468E+04	3
DZ(9)			NO VALUES RECORDED				
DZ(10)			NO VALUES RECORDED				
DZ(11)	.1543E+04	.3222E+03	.1441E+03	.2088E+00	.1216E+04	.2079E+04	5
DZ(12)	.1784E+04	0.	0.	0.	.1784E+04	.1784E+04	1
DZ(13)	.2309E+04	.1297E+04	.5293E+03	.5614E+00	.1022E+04	.4093E+04	6
DZ(14)	.2499E+04	0.	0.	0.	.2499E+04	.2499E+04	1
DZ(15)	.2331E+04	.4815E+03	.3405E+03	.2066E+00	.1990E+04	.2671E+04	2
DZ(16)	.3781E+04	.9330E+03	.4665E+03	.2468E+00	.2548E+04	.4675E+04	4
DZ(17)	.2590E+04	.1037E+04	.4234E+03	.3994E+00	.1225E+04	.3736E+04	6
DZ(18)	.3618E+04	0.	0.	0.	.3618E+04	.3618E+04	1
DZ(19)	.3772E+04	.5735E+03	.2168E+03	.1521E+00	.3181E+04	.4691E+04	7
DZ(20)	.2663E+04	.2140E+04	.1513E+04	.8038E+00	.1149E+04	.4176E+04	2
DZ(21)	.3002E+04	.7105E+03	.4102E+03	.2366E+00	.2522E+04	.3818E+04	3
DZ(22)	.2212E+04	.2502E+03	.1769E+03	.1131E+00	.2035E+04	.2389E+04	2
DZ(23)			NO VALUES RECORDED				

STATISTICS FOR TIME-PERSISTENT VARIABLES

	MEAN	STD DEV	MINIMUM	MAXIMUM	TIME INTERVAL	CUR. VALUE
KALM1	.5429E+00	.4982E+00	0.	.1000E+01	.1000E+06	0.
KALM2	.9263E+00	.2612E+00	0.	.1000E+01	.1000E+06	.1000E+01
KALM3	.2012E+00	.4009E+00	0.	.1000E+01	.1000E+06	0.
KALM4	.3357E+00	.4722E+00	0.	.1000E+01	.1000E+06	0.
KALM5	.1136E+00	.3174E+00	0.	.1000E+01	.1000E+06	0.
KALM6	.2896E-02	.1077E+00	0.	.1000E+01	.1000E+06	0.
KALM7	.3425E+00	.4745E+00	0.	.1000E+01	.1000E+06	.1000E+01
KALM8	.3005E-01	.1707E+00	0.	.1000E+01	.1000E+06	0.

Bild 34: Ausgedruckte Statistik für Durchlaufzeiten der Lose und Kapazitätsauslastung der Betriebsmittel

<u>Erläuterungen zum Bild 34:</u>

In Tabellen dieser Art werden:
- Wartezeiten der Lose vor den Maschinen (in Minuten),
- Durchlaufzeiten der Lose durch die Fertigungszellen
  (in Minuten) und
- Kapazitätsauslastung der Maschinen (in Prozent)

einschließlich ihrer statistischen Werte ausgedruckt.

Die Abkürzungen in den Tabellen bedeuten dabei:

DZ(i)	=	Durchlaufzeit des Loses (i) (in Minuten)
MEAN	=	Mittelwert
STD DEV	=	Standardabweichung
SD OF MEAN	=	Standardabweichung vom Mittelwert
CV	=	Varianzkoeffizient
MINIMUM	=	kleinster beobachteter Wert
MAXIMUM	=	größter beobachteter Wert
OBS	=	Anzahl der Beobachtungen
E+04	=	Fortran-Darstellung von $x10^4$
KALM(j)	=	Kapazitätsauslastung der Maschine (j) (Prozent)
TIME-INTERVAL	=	Zeitintervall, in dem die Statistik erstellt wird, entspricht hier der Simulationsdauer
CUR.VALUE	=	aktueller Wert beim Abbruch der Simulation

<u>Erläuterungen zum Bild 35:</u>

b.H. (OBSV FREQ)	=	beobachtete Häufigkeit (absolut)
v.H. (RELA FREQ)	=	relative Häufigkeit (in Prozent)
K.F. (CUML FREQ)	=	kumulierte Häufigkeit (%)
C	=	graphische Darstellung der kumulierten Häufigkeit
o.KG.(UPPER CELL LIMIT)	=	obere Klassengrenze (in Minuten)der beobachteten Zeitintervalle

Histogramm Nummer 2

b.H.   v.H.   K.F.   o.KG.   Durchlaufzeit Los Nr. 2

```
 OBSV      RELA      CUML         UPPER
 FREQ      FREQ   |  FREQ      CELL LIMIT       0        20        40        60        80       100
                                                +    +    +    +    +    +    +    +    +    +    +
    0     0.000    0.000       .1000E+04        +                                               +
    0     0.000    0.000       .2000F+04        +                                               +
    0     0.000    0.000       .3000F+04        +                                               +
    0     0.000    0.000       .4000E+04        +                                               +
    0     0.000    0.000       .5000F+04        +                                               +
    1      .077     .077       .6000F+04        +++++                     -                      +
    1      .077     .154       .7000F+04        +++++    c                                       +
    2      .154     .308       .8000F+04        +++++++++     c                                  +
    0     0.000     .308       .9000F+04        +             c                                  +
    1      .077     .385       .1000F+05        +++++             c                              +
    0     0.000     .385       .1100F+05        +          -  c                                  +
    2      .154     .538       .1200F+05        +++++++++             c                          +
    1      .077     .615       .1300F+05        +++++                     c                      +
    1      .077     .692       .1400F+05        +++++                         c                  +
    0     0.000     .692       .1500F+05        +                             c                  +
    2      .154     .846       .1600F+05        +++++++++                          c             +
    0     0.000     .846       .1700F+05        +                                  c             +
    1      .077     .923       .1800F+05        +++++                     .      =      c         +
    1      .077    1.000       .1900F+05        +++++                                           c +
    0     0.000    1.000       .2000F+05        +                                             c   c
    0     0.000    1.000       .2100E+05        +                                               c
    0     0.000    1.000       .2200F+05        +                                               c
    0     0.000    1.000       .2300F+05        +                                               c
    0     0.000    1.000       .2400F+05        +                                               c
    0     0.000    1.000       .2500F+05        +                                               c
    0     0.000    1.000       .2600F+05        +                                               c
    0     0.000    1.000        INF             +                                               c
   ---                                          +    +    +    +    +    +    +    +    +    +    +
    13                                          0        20        40        60        80       100
```

Bild 35:   Histogramm für die Durchlaufzeit des Loses Typ 2

In den folgenden Abschnitten sollen die Einzelergebnisse der
Simulation aufgeführt und mit den Daten der bestehenden Werkstattfertigung verglichen werden.

6.2.4.1 Beispiel: Fertigungszelle 1 "Kettenräder"

In der Fertigungszelle "Kettenräder" werden 59 Teiletypen mit
einer jährlichen Stückzahl von etwa 115 600 hergestellt.

Bild 36 zeigt das Layout dieser Zelle.

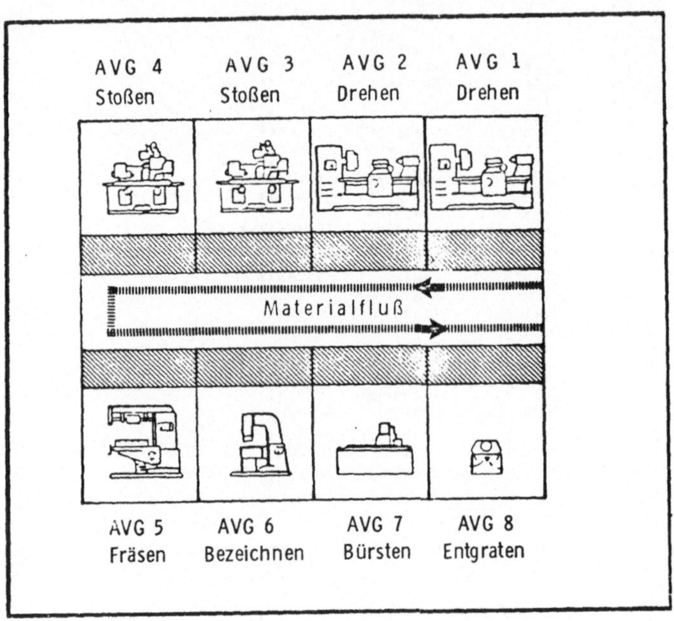

Bild 36:   Layout Fertigungszelle "Kettenräder" (Zelle1)

Aufgrund der Simulationsergebnisse ist bei den durchschnittlichen Wartezeiten der Lose vor den Maschinen ein Rückgang von
23,4 Tagen bei der jetzigen Werkstattfertigung auf 2,3 Tage
(ca. 90 %) bei der Zellenfertigung zu erwarten (siehe Bild 37).

Die durchschnittliche Durchlaufzeit der Lose verringerte sich
von 28 Tagen auf 5,7 Tage, d.h. um ca. 80 % (siehe Bild 37).

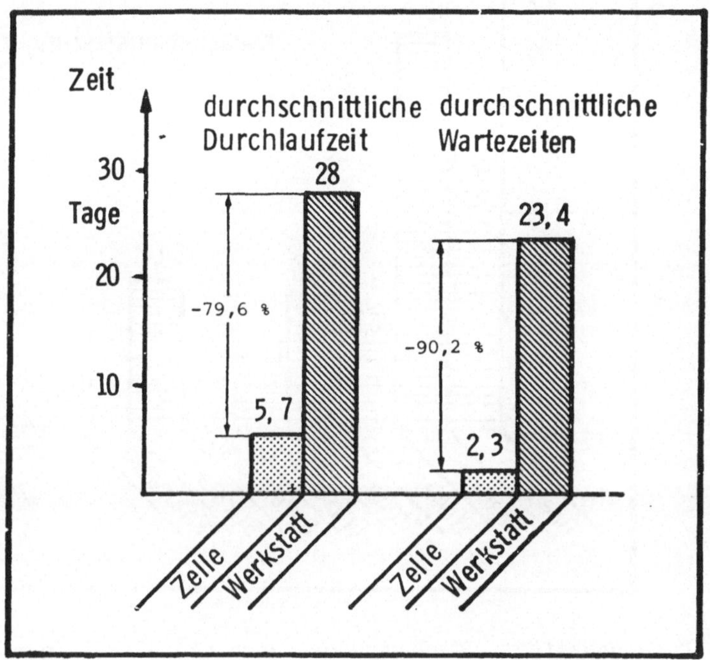

Bild 37: Vergleich der durchschnittlichen Warte- und
Durchlaufzeiten, Zelle "Kettenräder"

Eine Auflistung der einzelnen <u>Kapazitätsauslastungen</u> der Maschinen zeigt Bild 38. Die Angaben stellen eine zeitliche Auslastung in Prozent dar, bezogen auf 8 Stunden pro Schicht.

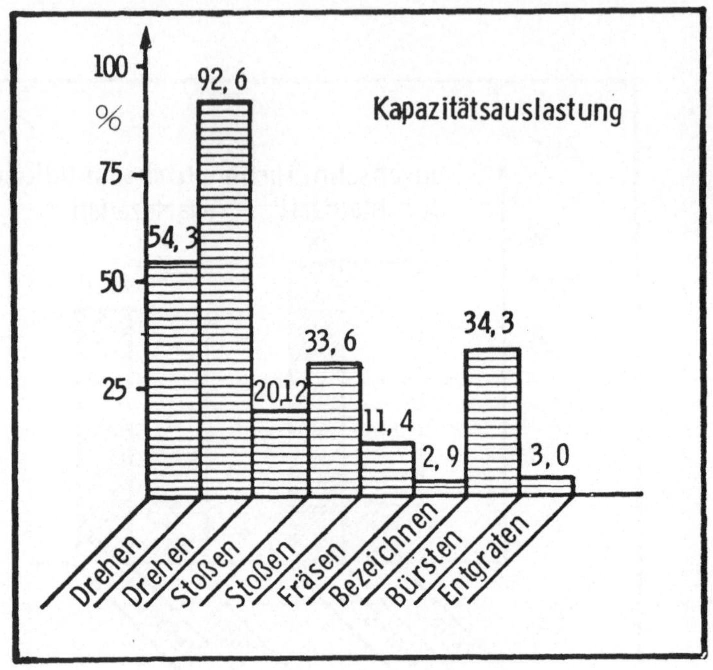

Bild 38: Kapazitätsauslastung der Maschinen in Fertigungszelle "Kettenräder"

Die dargestellten Durchlaufzeiten, Wartezeiten und Kapazitätsauslastungen haben direkte Auswirkungen auf die <u>Fertigungskosten</u>. Die Wartezeiten beeinflussen die Zwischenlagerkosten bzw. die Kapitalbindung.

Die veränderten Kapazitätsauslastungen drücken sich in veränderten Maschinenleerkosten aus. Im Vergleich zur Werkstattfertigung ändern sich die Transportkosten, da sich die räumliche Anordnung der Betriebsmittel ändert.
Das folgende Bild soll für die Zelle 1 die Veränderungen der von der Gruppentechnologie beeinflußbaren Kostenarten verdeutlichen.

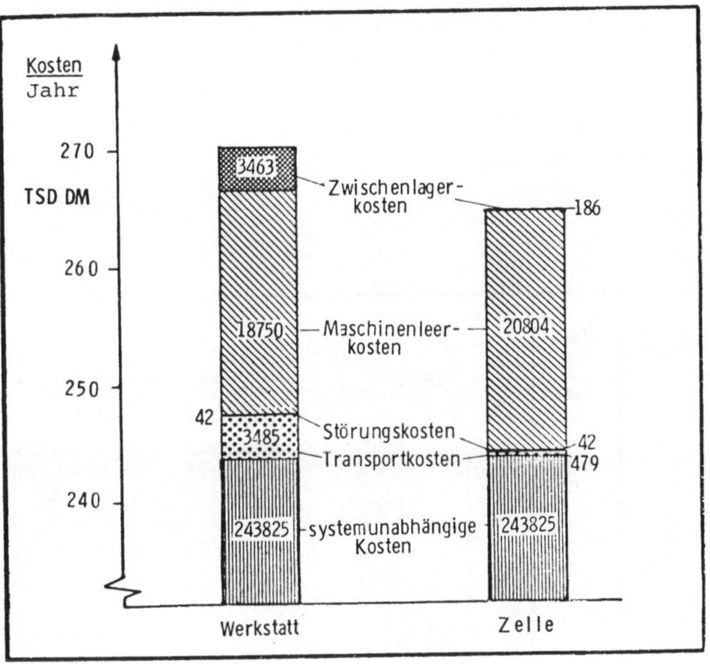

Bild 39: Kostenvergleich für Zelle "Kettenräder"

In gleicher Weise wurden alle übrigen Fertigungszellen betrachtet. Da sich nur die Simulationswerte, nicht aber die grundsätzliche Vorgehensweise von denen der Zelle 1 unterscheiden, wurde auf eine Darstellung der Einzelergebnisse an dieser Stelle verzichtet. Sie können im Anhang, Kapitel 8.3 nachgelesen werden.

6.2.4.2 Zusammenfassung der Einzelergebnisse

Die Zusammenfassung der Einzelergebnisse der Simulation von den
Fertigungszellen 1 bis 4 zeigt, daß durch Einführung von gruppen-
technologischen Fertigungszellen sich der Produktionsablauf in
der Fertigung außerordentlich beschleunigen ließe.
Die durchschnittlichen Wartezeiten der Lose auf Bearbeitungs-
beginn vor den Maschinen würden sich von ca. 18 Tagen auf ca. 1
Tag verringern (Bild 40).
Ebenso verringern sich die durchschnittlichen Durchlaufzeiten
der Lose durch die Fertigung von ca. 24 Tagen auf ca. 6 Tage
(Bild 41).

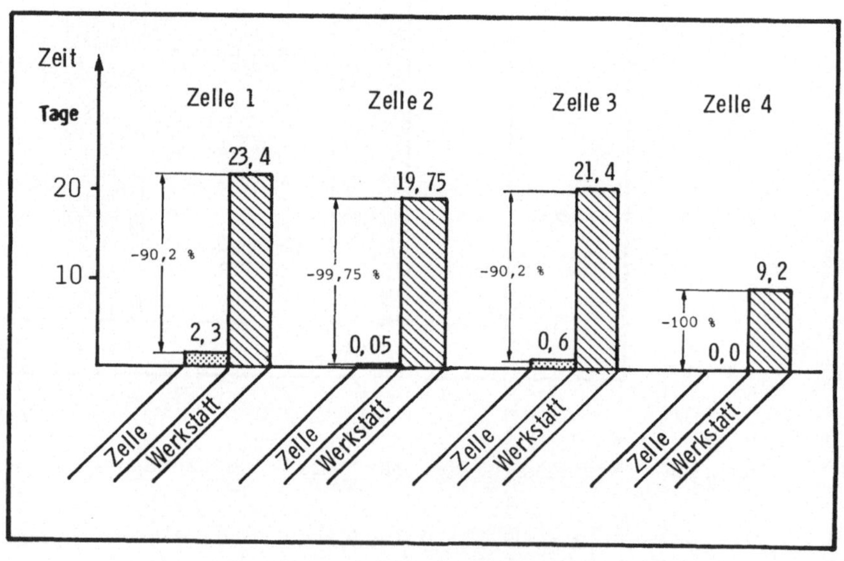

Bild 40:   Vergleich der durchschnittlichen Wartezeiten

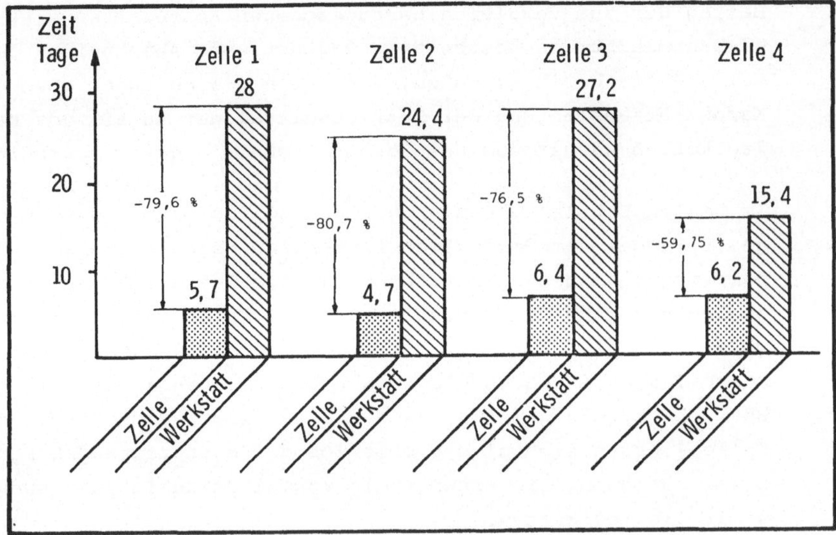

Bild 41:   Vergleich der durchschnittlichen Durchlaufzeiten

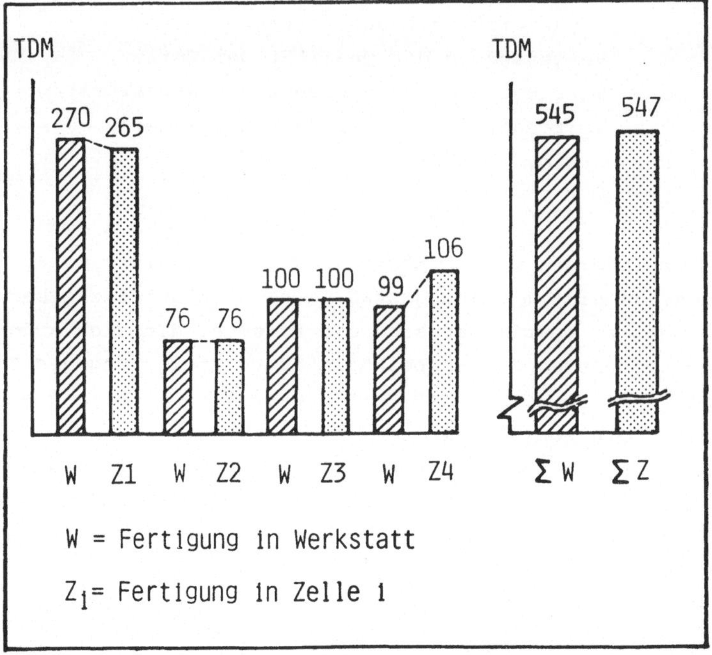

Bild 42:   Kostenvergleich für alle 4 Fertigungszellen

Der Kostenvergleich für alle vier Zellen zusammen zeigt, daß der
Betrag der zum Vergleich herangezogenen Kostenarten praktisch
gleich bleibt.Das kostenmäßig ungünstigere Abschneiden der
Zelle 4 ist darin zu sehen, daß durch die geringer gewordene
Kapazitätsauslastung der Betriebsmittel der Anteil der Maschinen-
leerkosten wächst und das Kostenergebnis negativ erscheinen läßt.

Im realen Betrieb müßte sich letztendlich doch ein kostengünsti-
ges Bild bei der Produktion in Fertigungszellen zeigen, da bei
der vorangegangenen Betrachtung ja die Teile mit geringen Stückzahlen und auch die sogenannten Sonderteile ausgeklammert
waren.
Diese Teile werden in gleichen Arbeitsvorgängen und mit gleichen
Betriebsmitteln gefertigt wie die zur Simulation herangezogenen
Teile, lassen sich also problemlos der entsprechenden Fertigungszelle zuordnen. Sie erhöhen die Kapazitätsauslastung und senken
somit die Leerkosten.
Günstig wirken sich ferner die in der Literatur beschriebenen,
in vergleichbaren Beispielen erzielten Kosteneinsparungen aus,
wie z.B.

- o   Reduzierung der Rüstzeiten
- o   Verbesserung der Qualität der Teile
- o   Verringerung von Ausschuß und Nacharbeit
- o   Verringerung des Halbfabrikatelagers
- o   u.a.m.

Die Verminderung dieser Kostenarten konnte nicht berücksichtigt
werden, da sie im Planungsstadium nicht quantifizierbar sind.
Noch weniger bestimmbar sind die Effekte, die sich aufgrund
einer, in vielen Fällen beschriebenen Steigerung des Zufrie-
denheitsgrades der in der Fertigungszelle beschäftigten Mitarbeiter ergeben können /64,65,66/.
Für die anfangs beschriebene Firma erscheint es am sinnvollsten,
nicht den gesamten Fertigungsbereich zugleich auf gruppentechnologische Fertigungszellen umzustellen, sondern nach einer

Ordnung des Teilespektrums in Fertigungsfamilien, zunächst eine
Zelle einzurichten und den Betrieb damit "zu probieren". Mit
den daraus gewonnenen Erfahrungen sollten dann nacheinander
die übrigen Fertigungszellen eingerichtet werden. Auf diese
Weise können sich auch die betroffenen Mitarbeiter am leichte-
sten an die neue Organisationsform gewöhnen.

7   Zusammenfassung

Viele Betriebe mit losgebundener Fertigung könnten wirtschaft-
licher fertigen, wenn sie die Vorteile der Gruppentechnologie
erkennen und nutzen würden. Die komplizierte Fertigungsplanung
und -steuerung der Werkstattfertigung verhindert einen Überblick
über die Gesamtfertigung, weist zudem lange Transportwege und
große Durchlaufzeiten der Lose auf und läßt Störungen im Fertigungsbereich nur schwer erkennen.

Um die Nachteile der Werkstattfertigung zu vermeiden, ist in
vielen Betrieben die Umstellung der Organisationsform von dem
Werkstätten- auf das gruppentechnologische Prinzip möglich und
vorteilhaft.
Die Fertigung in gruppentechnologischen Organisationsformen,
z.B. der Fertigungszelle, setzt eine Ordnung des Teilespektrums
in sogenannte "Fertigungsfamilien" voraus. Notwendigerweise erfolgt die Bildung dieser Familien aufgrund der Fertigungsähnlichkeit der Teile und nicht aufgrund einer Formähnlichkeit. In
der betrieblichen Praxis kann dieser Schritt am einfachsten mit
Hilfe der Teileflußanalyse auf Basis der Fertigungspläne erfolgen. Hierzu sollte zur Unterstützung die elektronische Datenverarbeitung herangezogen werden.

Um zu einer qualitativen Beurteilung der Auswirkungen der Fertigung in gruppentechnologischen Fertigungszellen zu gelangen,
wurde in der vorliegenden Arbeit ein Simulationsmodell entwickelt,
in welchem der zu erwartende Betrieb modellhaft abgebildet und
im Ablauf simuliert wird.

Als wesentliche Beurteilungskriterien der Fertigungszelle im
Vergleich zur Werkstattfertigung werden dabei herangezogen:

o Warte- und Durchlaufzeiten der Lose
o Kapazitätsauslastungen der Betriebsmittel
o Veränderungen der Kosten hinsichtlich
    - Zwischenlagerkosten
    - Maschinenleerkosten
    - Störungskosten und
    - Transportkosten.

Der Einsatz dieses Simulationsmodells in einem mittelständischen
Betrieb mit losgebundener Fertigung im Werkstattprinzip zeigt,
daß in allen Fällen eine sehr große Verringerung der Wartezeiten der Lose vor den Maschinen und ebenfalls eine sehr große
Verringerung der Durchlaufzeiten der Lose durch die Fertigung
erreicht werden kann.
In einigen Fällen kann jedoch die Kapazitätsauslastung der Maschinen sinken, da nicht mehr das gesamte Teilespektrum auf diesen Maschinen gefertigt wird, wie es zuvor bei der Werkstattfertigung der Fall war.

Die kostenmäßigen Auswirkungen der fallweise geringen Maschinen-
auslastung werden unterschiedlich: je nach Höhe des Maschinen-
stundensatzes und ermittelter Auslastung wird sie bedeutend oder
nicht. Oftmals können die hier entstandenen Verluste durch die
geringe Kapitalbindung wieder ausgeglichen werden.

Insgesamt betrachtet können in dem als Beispiel betrachteten
Praxisfall die Kostenveränderungen bei der Umstellung von der
Werkstattfertigung auf die Fertigung in Zellen als ausgeglichen
angesehen werden. Als - im Planungsstadium jedoch nicht quantifizierbare - weitere Vorteile sind jedoch hinzuzuzählen

- o die Verringerung der Rüstzeiten
- o die bessere Übersicht über die Fertigung
- o die zu erwartenden Qualitätsverbesserungen
- o die verbesserte Produktionsplanung und -kontrolle
- o und die arbeitsorganisatorischen Vorteile für die
  in den Fertigungszellen arbeitenden Mitarbeiter.

Gerade der letztgenannte Punkt führt in den meisten Fällen zu
einer Erhöhung der Arbeitszufriedenheit und in Folge davon zu
weiteren wirtschaftlichen Vorteilen.

8   Anhang

8.1   Beschreibung der wichtigsten Unterprogramme
       aus dem Programmteil ZELSI

Wie im Kapitel 5 erläutert, besteht der Programmteil ZELLEN-
SIMULATION (ZELSI) aus mehreren Unterprogrammen, die während
des Simulationslaufes je nach Bedarf aufgerufen werden. Diese
Unterprogramme sollen nachfolgend näher beschrieben werden.

1. UP GASP

UP GASP steuert den Ablauf der Simulation. In diesem Unterprogramm wird die Zeit des nächsten Ereignisses ermittelt.
Ferner werden die entsprechenden Unterprogramme für Initiali-
sierung, Simulationsablauf,Statistiken und Dokumentation aufgerufen.

2. UP DATIN

Das Unterprogramm DATIN initialisiert die GASP-Variablen und
ruft das Unterprogramm UP INTLC auf. Die Variablen werden entweder aus den GASP- Datenkarten gelesen, berechnet oder von
einem vorhergehenden Simulationslauf übernommen.
Ferner prüft UP DATIN das Programm auf Simulationsfehler und
sorgt für den Ausdruck der GASP- Eingabedaten.

3. UP HISTO

Mit Hilfe des Unterprogrammes UP HISTO lassen sich bis zu 25
Histogramme erzeugen. UP HISTO teilt die beobachteten Werte in
Klassen ein und berechnet für jede Klasse die absolute, relati-
ve und kumulierte Häufigkeit..

4. UP COLCT

Das Unterprogramm UP COLCT dient zur Unterstützung der Dokumentation. Mit UP COLCT können bis zu 25 Variablen statistisch
erfaßt werden. Am Ende der Simulation berechnet und dokumentiert
UP COLCT folgende Werte:

o Mittelwert der beobachteten Variablen

o Standardabweichung

o Standardabweichung bezogen auf den Mittelwert

o Varianz

o Minima der Variablen

o Maxima der Variablen

o Anzahl der Beobachtungen für jede Variable.

5. UP TIMST

Das Unterprogramm UP TIMST dient wie UP COLCT dem Sammeln von statistischen Werten von bis zu 25 verschiedenen Variablen. Der Unterschied liegt darin, daß in UP TIMST eine Bewertung des Variablenwertes bezüglich der Zeit, für die die Variable diesen Wert hatte, beobachtet wird.

Weiterhin werden berechnet und dokumentiert:

o Standardabweichung

o Minimum

o Maximum

o beobachtetes Zeitintervall

o letzter beobachteter Variablenwert.

6. UP SUMRY

Das Unterprogramm UP SUMRY erzeugt den GASP-IV-Standardausdruck. Dieses Unterprogramm wird von UP GASP am Ende der Simulation aufgerufen.

Zum Ausdruck gehören folgende Teile:

o Überschrift

o Parametersätze der Zufallsgeneratoren

o Statistiken aus UP COLCT und UP TIMST

o Speicherinhalte und -statistiken

o alle Histogramme

7. UP FILEM

Mit diesem Unterprogramm lassen sich Eintragungen in einem bestimmten Teil innerhalb des Filesystems NSET/QSET durchführen. UP FILEM erstellt auch alle Statistiken für den File. Wenn die Eintragung in den File ein Ereignis ist, dann ermittelt UP FILEM auch die Zeit des Ereignisses.

8. UP RMOVE

Das Unterprogramm UP RMOVE kann als Umkehrung von UP FILEM betrachtet werden. Ein Aufruf von UP RMOVE bewirkt, daß im File
IFILE diejenige Eintragung, die beim Feldelement NTRY beginnt,
in den Puffersektor ATRIB übertragen wird. Die Eintragung im
File wird dabei gelöscht.

9. FKT DRAND

Die Funktion FKT DRAND ist ein Pseudozufallszahlengenerator.
FKT DRAND erzeugt gleichverteilte, im Intervall (0,1) liegende
Zufallszahlen.

10. FKT RNORM

Die Funktion FKT RNORM erzeugt normalverteilte Pseudozufalls-
zahlen.

11. UP EINLES

Im Unterprogramm UP EINLES werden die Daten der Fertigungszelle
eingelesen.
Das Einlesen erfolgt über 7 verschiedene Typen von Datenkarten,
die folgenden Inhalt haben(in Klammern: Kürzel,Format):

Typ 1:   Zahl der Maschinen in der Zelle (NBM, I3)

Typ 2:   Zahl der in der Zelle gefertigten Produkttypen (NTYP;I3)

Typ 3:   Produktdaten mit:

          - Teilenummer   (TEINR)
          - Anzahl der Bearbeitungsfolgen   (NBV, I2)
          - Ø Losgröße   (LG, I5)
          - min. Losgröße   (LG1, I5)
          - max. Losgröße   (LG2, I5)
          - Anteil der einzelnen Produkttypen
            an der Gesamtproduktion   (PAT, F4.2)
          - Rohmaterialwert   (RMW, FZ2)
          - Transportgröße   (TRG, I4)

Typ 4:   Arbeitsvorgangdaten mit:

          - Nummer der Bearbeitungsstation   (BAST, I2)
          - Bearbeitungszeit pro Stück   (BZ, F6.2)

- Rüstzeit   (RZ, F6.2)
- Wertsteigerung, die das Teil durch
  die Bearbeitung erfährt   (WS, F4.2)

Typ 5: Betriebsmitteldaten mit:

- Betriebsmittelnummer   (BMNR, I5)
- Maschinenstundensatz   (SSM, F6.2)
- Störungswahrscheinlichkeit   (STW, F4.2)
- Ø Störungsdauer   (SD, I3)
- min. Störungsdauer   (SD1, I3)
- max. Störungsdauer   (SD2, I3)

Typ 6: Transportwege zwischen den Betriebsmitteln

Typ 7: Kosten- und Zeitdaten mit:

- kalkulatorischem Zinssatz   (ZINS, F4.2)
- Fixkostenanteil am Maschinen-
  stundensatz   (FIXK, F5.2)

Die Datenkarte vom Typ 1,2 und 7 werden nur einmal benötigt.
Jeweils eine Datenkarte muß für jedes Produkt (Typ 3), für
jedes Betriebsmittel (Typ 5 und 6) und für jeden Arbeitsvor-
gang (Typ 4) geschrieben werden.
Die Daten werden in folgender Reihenfolge eingegeben (siehe
Bild 51):

    1. Anzahl der Maschinen

    2. Anzahl der Produkttypen

    3. Daten zu den jeweiligen Produkttypen.

    4. Daten der benötigten Betriebsmittel

    5. Transportmatrix

    6. Kostendaten

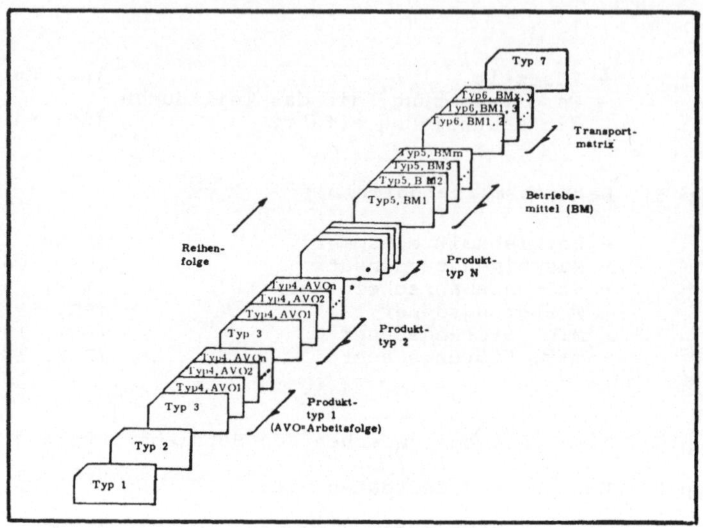

Bild 51:   Reihenfolge der Datenkarten

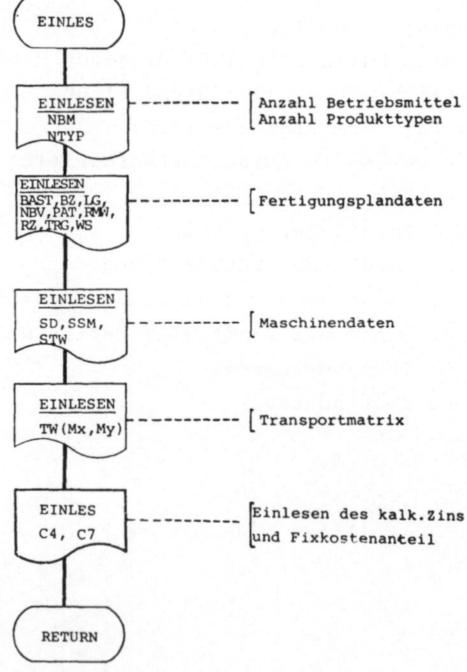

Bild 52:   Programmablauf UP EINLES

12. UP AUSDRU

Im Unterprogramm UP AUSDRU werden die gesamten, beeinflußbaren Kosten im Simulationsablauf berechnet und zusammen mit den übrigen Kostenarten ausgedruckt.

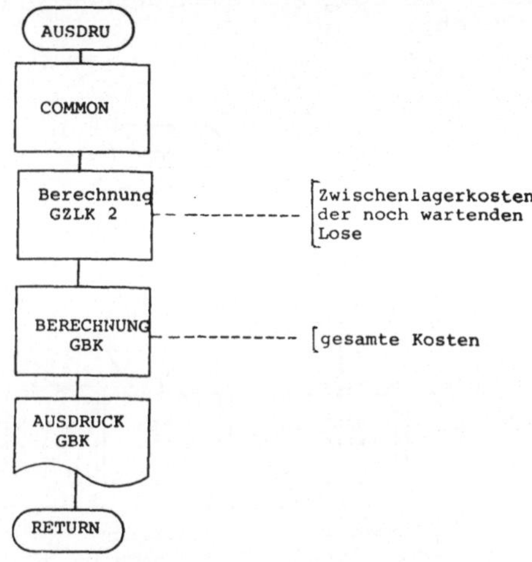

Bild 53:   Programmablauf UP AUSDRU

13. UP INTLC

Das Unterprogramm UP INTLC initialisiert das erste Los und weist ihm die entsprechenden Attributwerte zu. Der Ereigniscode wird dabei so gesetzt, daß dieses Los das Unterprogramm UP ANKUNF durchläuft.

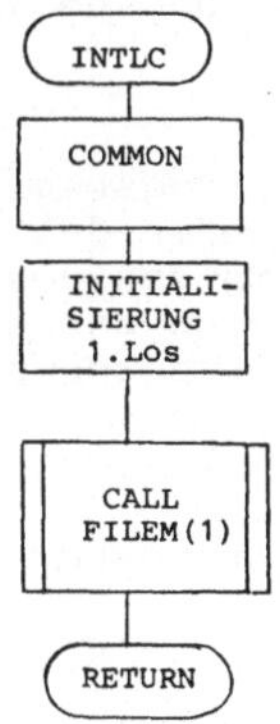

Bild 54:   Programmablauf UP INTLC

14. UP EVNTS

Das Unterprogramm EVNTS wird immer dann aufgerufen, wenn ein
Ereigniszeitpunkt im Simulationsablauf erreicht ist. Im
UP EVNTS wird dann der Ereigniscode abgefragt und je nach
Code das Unterprogramm UP ANKUNF, UP BEABEG oder UP BEAEND
abgerufen.
Ferner macht der Code Aussagen darüber, an welcher Maschine
etwas geschieht.

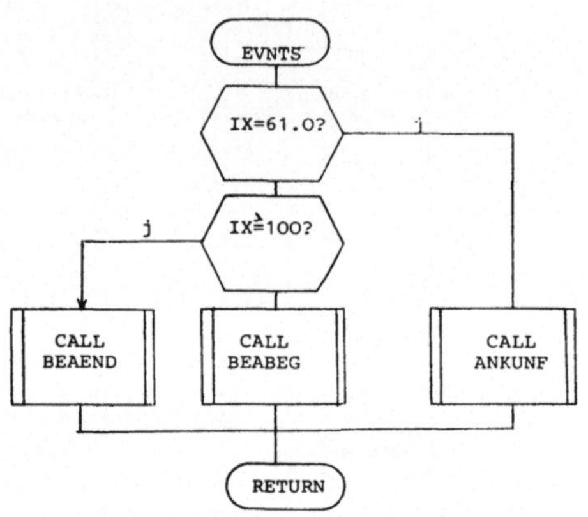

Bild 54:   Programmablauf UP EVNTS

Der Code wurde wie folgt definiert (IX = Ereigniscode):

$$
\begin{array}{lll}
IX &=& 1.0 \quad \text{Bearbeitungsbeginn an Maschine 1} \\
IX &=& 2.0 \quad \text{Bearbeitungsbeginn an Maschine 2}
\end{array}
$$

IX	=	1.0	Bearbeitungsbeginn an Maschine 1
IX	=	2.0	Bearbeitungsbeginn an Maschine 2
.			
.			
.			
IX	=	n	Bearbeitungsbeginn an Maschine n
IX	=	61.0	Durchlaufen des UP ANKUNF und Erzeugen des nächsten Loses
IX	=	101.0	Bearbeitungsende an Maschine 1
IX	=	102.0	Bearbeitungsende an Maschine 2
.			
.			
.			
IX	=	100.0+n	Bearbeitungsende an Maschine n

15. UP ANKUNF

Im Unterprogramm UP ANKUNF wird der Ereigniscode des Loses bestimmt, bei welchem mit der Bearbeitung begonnen wird, d.h., es wird festgelegt, auf welcher Maschine der erste Bearbeitungsvorgang stattfindet. Anschließend wird die Ankunftszeit, der Typ und die Losgröße des folgenden, zweiten Loses generiert. Das zweite Los durchläuft beim Erreichen seiner Ankunftszeit erneut dieses Unterprogramm, erhält einen neuen Ereigniscode und generiert das dritte Los, usw.

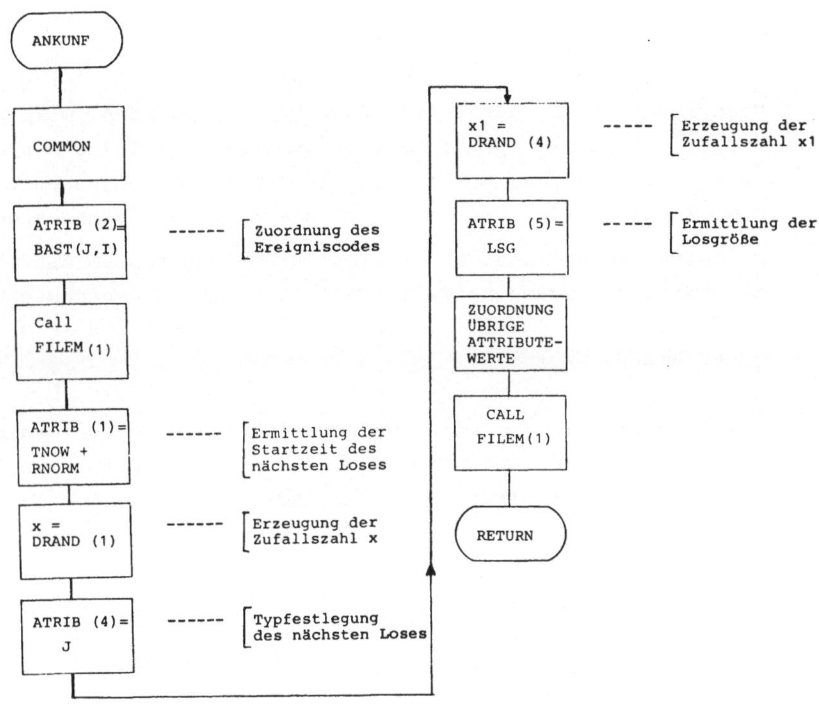

Bild 55: Programmablauf UP ANKUNF

16. UP BEABEG

Nachdem im vorangegangenen Unterprogramm das zu bearbeitende
Los und der Zeitpunkt des Eintritts des Loses in die Fertigungszelle bestimmt wurde, wird in diesem Unterprogramm zunächst die
Nummer der Bearbeitungsmaschine bestimmt, auf der das Los bearbeitet werden soll.
Danach wird abgefragt, ob diese Maschine belegt ist. Falls ja,
wird das Los in die Warteschlange vor dieser Maschine einge-
reiht. Ist die Maschine nicht belegt, kann mit der Bearbeitung
begonnen werden.
Zudem werden noch Statistiken über evtl. Maschinenstillstands-
zeiten gesammelt.
Anschließend erfolgt die Abfrage nach einem evtl. Umrüsten der
Maschine. Ist mit der Bearbeitung begonnen worden, wird über
Zufallszahlen eine mögliche Störung bestimmt. Tritt eine Ma-
schinenstörung ein, so wird die Länge der Störung ebenfalls
über Zufallszahlen ermittelt und die Störungskosten berechnet.

Es folgt die Abfrage, ob es sich für dieses Los um den letzten
Bearbeitungsvorgang handelt. Falls ja, wird die nächste Bearbeitungsstation ermittelt und Transportweg, -zeit und -kosten
dorthin errechnet.

Die Ankunftszeit des Loses an der nächsten Maschine ergibt sich
aus der aktuellen Zeit TNOW, addiert um die angefallenen Bear-
beitungs-, Rüst-, Transport- und Störungszeiten.

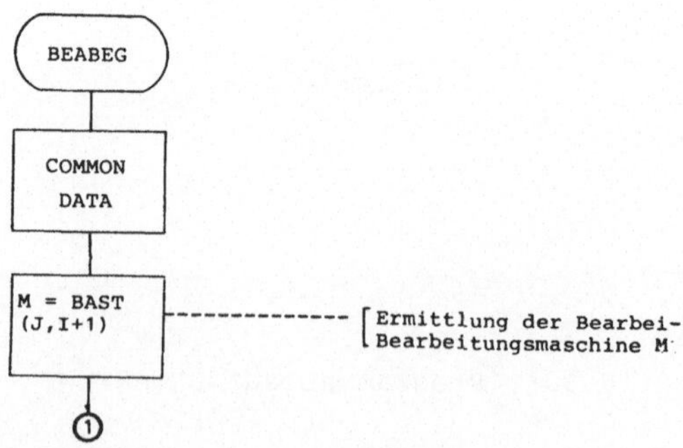

Bild 56: Programmablauf UP BEABEG

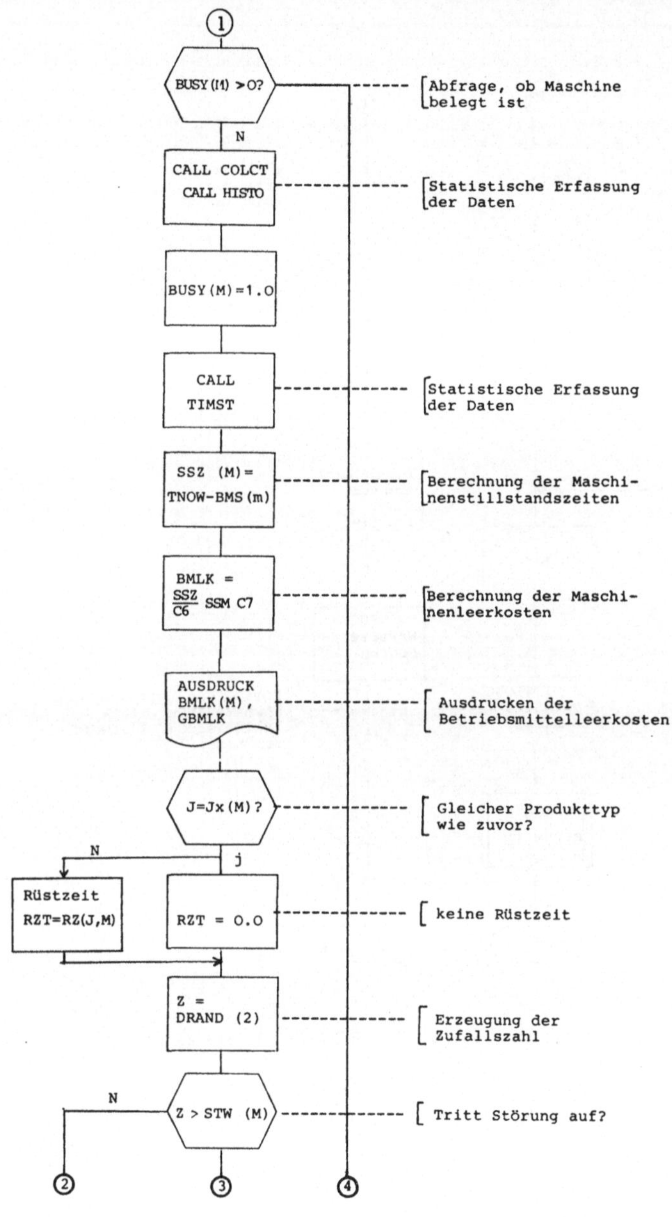

Bild 56: Programmablauf UP BEABEG (Fortsetzung)

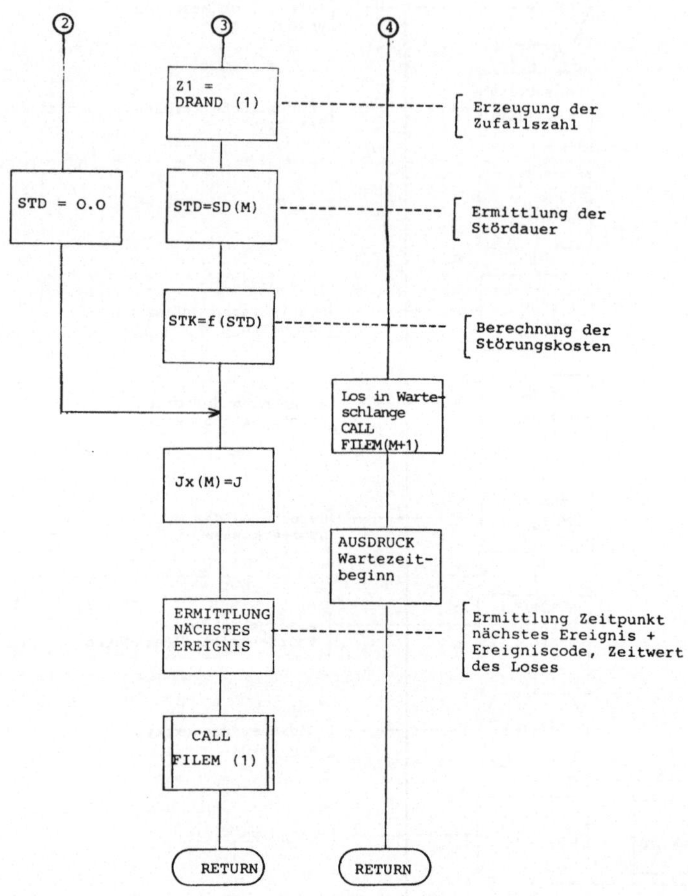

Bild 56:   Programmablauf UP BEABEG (Fortsetzung)

17. <u>UP BEAEND</u>

Im Unterprogramm UP BEAEND wird zunächst abgefragt, ob es sich
bei der vorangegangenen Bearbeitungsmaschine um die letzte Bearbeitung gehandelt hat oder nicht.
Falls ja, erhält das Los keine neuen Attributswerte, sondern es
erfolgt eine statistische Berechnung der Durchlaufzeit.

Unterliegt das Los einer weiteren Bearbeitung, so wird die
nachfolgende Maschine ermittelt und der entsprechende Ereigniscode gesetzt. Der Transportweg und die dazugehörige Transportzeit wird ermittelt und gespeichert.

Befinden sich vor einer Maschine keine Lose in der Warteschlange,
so wird die Bearbeitungsmaschine "abgestellt" und der Zeitpunkt
und die Dauer des Stillstandes werden für die Statistik der Ma-
schinenauslastung gesammelt.

Befinden sich ein oder mehrere Lose in einer Warteschlange vor
der Maschine, so wird entsprechend der zuvor bestimmten Prioritätsregel ein Los aus der Warteschlange genommen, die angefal-
lene Wartezeit gespeichert und anschließend zur Bearbeitung gegeben.

Am Ende der Bearbeitung setzt dieses Los aus der Warteschlange
vor der Maschine das nächstfolgende Los frei, das dann zur Bearbeitung gelangt.

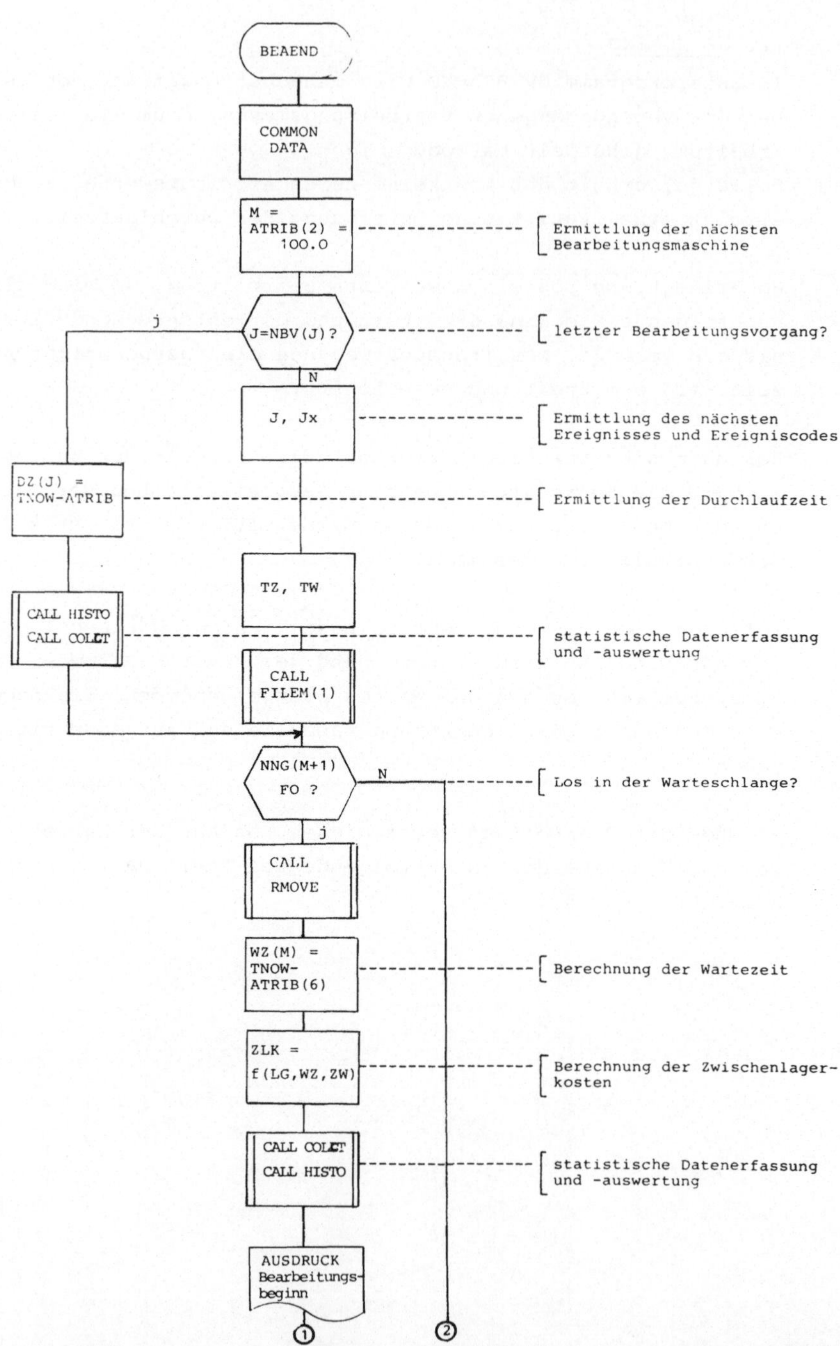

Bild 57: Programmablauf UP BEAEND

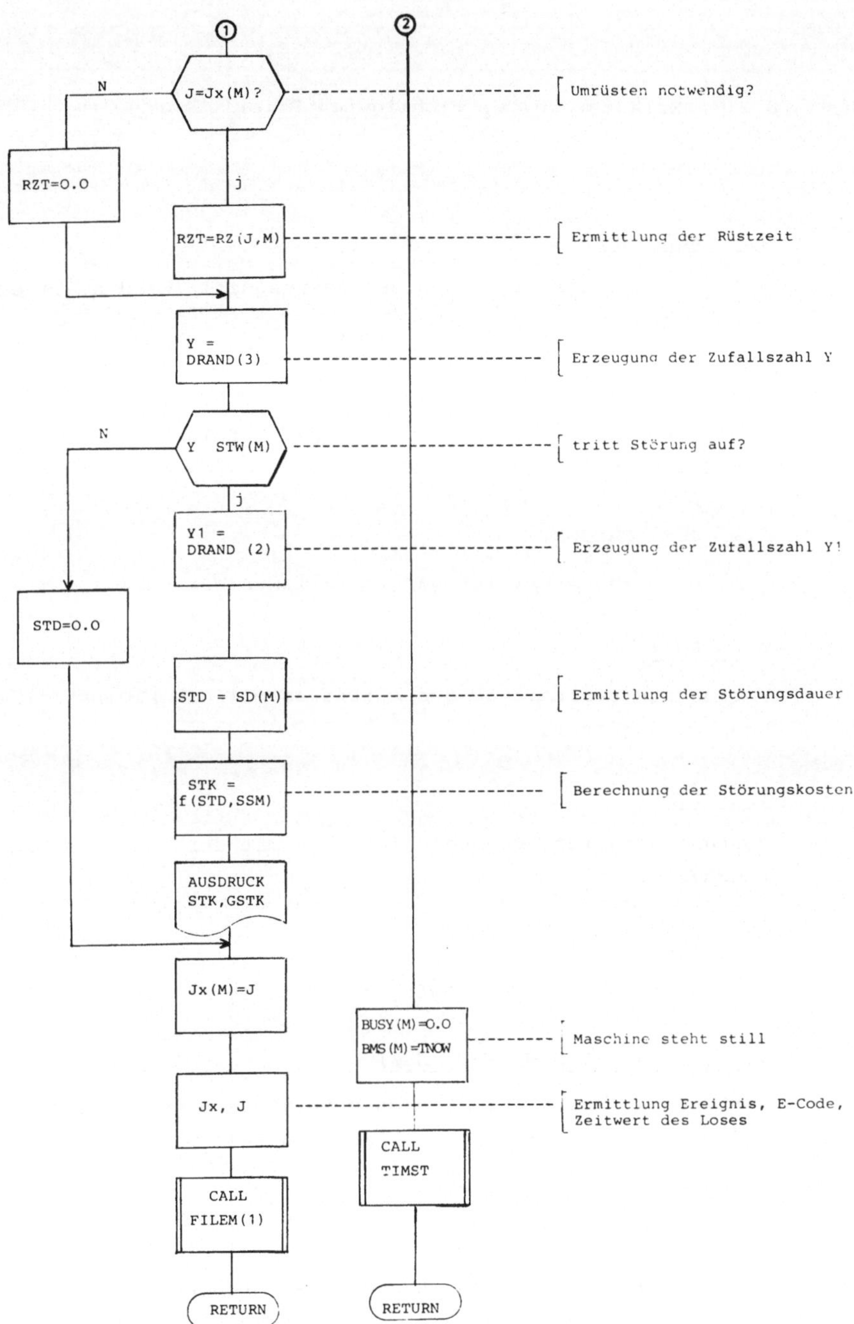

Bild 57: Programmablauf UP BEAEND (Fortsetzung)

8.2   Erläuterung der wichtigsten Prioritätsregeln

1. KOZ (SPT)

Aufträge mit der kürzesten Bearbeitungszeit werden als erste bearbeitet.

2. FCFS

Die Bearbeitung erfolgt nach der Reihenfolge der Ankünfte an der Maschine.

3. ZUF (RANDOM)

Die Abfertigung erfolgt nach zufälligen Werten.

4. ROPZ

Vorrangige Bearbeitung des Auftrages mit der kleinsten Restbearbeitungszeit.

5. LOZ

Vorrangige Abfertigung der Aufträge mit der längsten Bearbeitungszeit.

6. TERM (FET)

Vorrangige Auswahl des Auftrages mit dem frühesten Endtermin.

7. SLACK (MINSCH, FAT, SLZ)

Schlupfzeitregel: Abfertigung erfolgt nach der geringsten Zeitdifferenz zwischen der verbleibenden Zeit bis zum Endtermin und der Restbearbeitungszeit.

8. WERT

Die Priorität ist dem Wert des Loses proportional.

9. __LWS__

Vorrangige Bearbeitung des Auftrages mit der längsten Wartezeit.

10. __GW (KW)__

Vorrangige Bearbeitung des Loses mit dem maximalen (minimalen)
Wert.

11. __GWR (KWR)__

Vorrangige Bearbeitung des Loses mit dem maximalen (minimalen)
Wert unter Berücksichtigung der Rüstkosten.

12. __MAQ (MIQ)__

Die Priorität ist dem Quotienten aus Bearbeitungszeit und -wert
(incl. Rüstkosten) proportional.

13. __MAP (MIP)__

Hier entscheidet der Quotient aus Operationszeit und Wert
(incl. Rüstkosten) über die Priorität.

14. __LE (KE)__

Vorrangige Bearbeitung des Loses mit der längsten (kürzesten)
Einzelzeit.

15. __LRZ (KRZ)__

Vorrangige Bearbeitung des Loses mit der längsten (kürzesten)
Rüstzeit.

16. __KTRUN__

Dies ist eine KOZ-Regel in Verbindung mit einer Wartezeitbeschränkung.

17. __KOMB__

Kombination aus KOZ-, SLACK- und WERT-Regel.

18. __K-SLOW__

Kombination aus KOZ- und SLACK-Regel ohne Wartezeitbeschränkung.

19. __K-SL__

Wie 18. aber mit Wartezeitbeschränkung.

20. __KOZ-FAT__

Solange der geplante Anfangstermin für die Bearbeitung noch nicht
erreicht ist, gilt die KOZ- anschließend die FAT-Regel.

21. __KOZ-FAT__

Additive Verknüpfung der Prioritäten der KOZ- und der FAT-Regel.

22. __KOZ-FAT-WERT__

Addition der drei getrennt ermittelten Teilprioritäten.

23. __KOZ-LOZ__

KOZ in Verbindung mit LOZ.

24. __COST__

Diese Regel berücksichtigt die Lager-, Rüst- und Bearbeitungs-
kosten eines Loses.

25. __RA__

Regel, die die Anzahl der noch durchzuführenden Arbeitsgänge
berücksichtigt, verknüpft mit FCFS.

26. __NINQ__

Der Auftrag wird zuerst bearbeitet, bei dem in der folgenden
Maschinengruppe die kleinste Warteschlange vorhanden ist.

27. __LCFS__

Der zuletzt eingetroffene Auftrag wird zuerst bearbeitet.

8.3　　__Einzelergebnisse der Untersuchung der Fertigungs-__
　　　　__zellen 2 (Stirnräder), 3 (Zahnstangen) und__
　　　　__4 (Kegelräder)__

__Fertigungszelle 2 (Stirnräder)__

In der Fertigungszelle 2 werden 27 Typen der Stirnräder gefer-
tigt, jährlich etwa 23 700 Stück. In gleicher Weise wie bei der
Fertigungszelle 1 werden auch für Zelle 2 durchschnittliche
Warte- und Durchlaufzeiten der Lose, Kapazitätsauslastungen der
Maschinen und die beeinflußbaren Kosten ermittelt. Sie sind in
den nachfolgenden Bildern dargestellt.

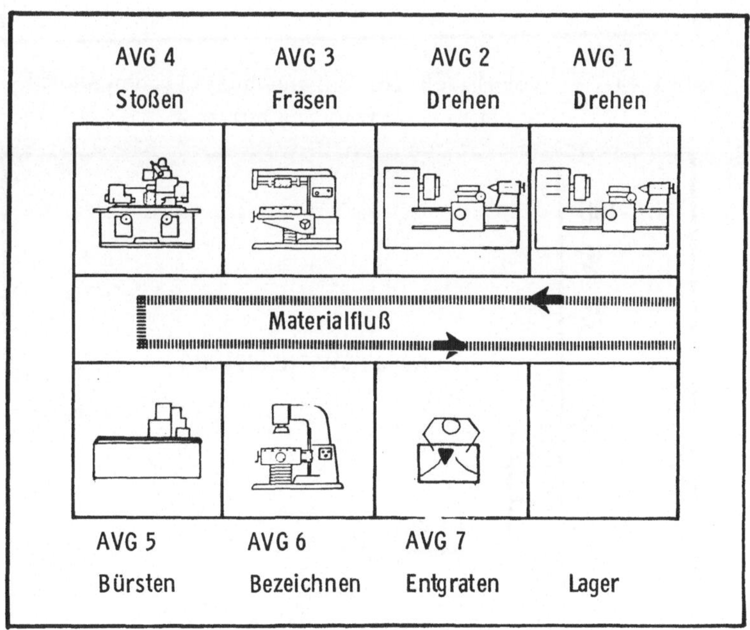

Bild 43:　　Layout der Fertigungszelle 2　(Stirnräder)

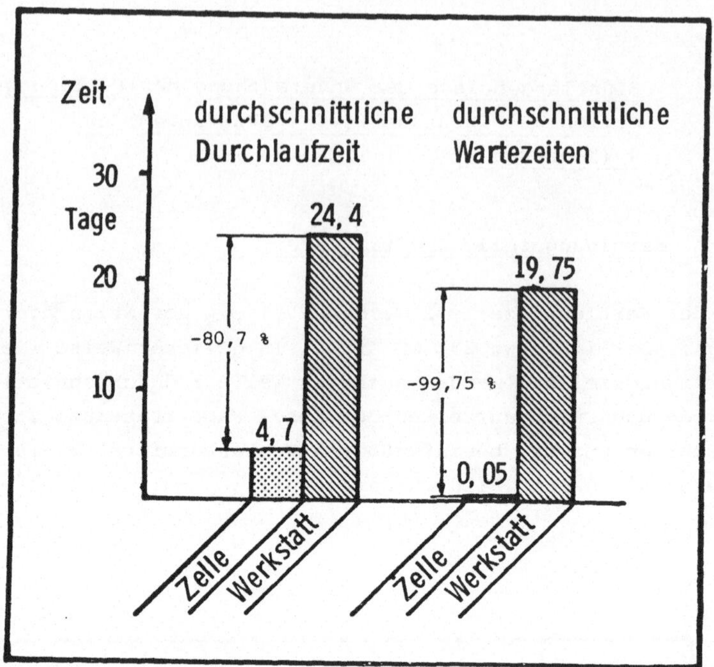

Bild 44:   Vergleich der durchschnittlichen Warte- und Durchlaufzeiten in Zelle 2

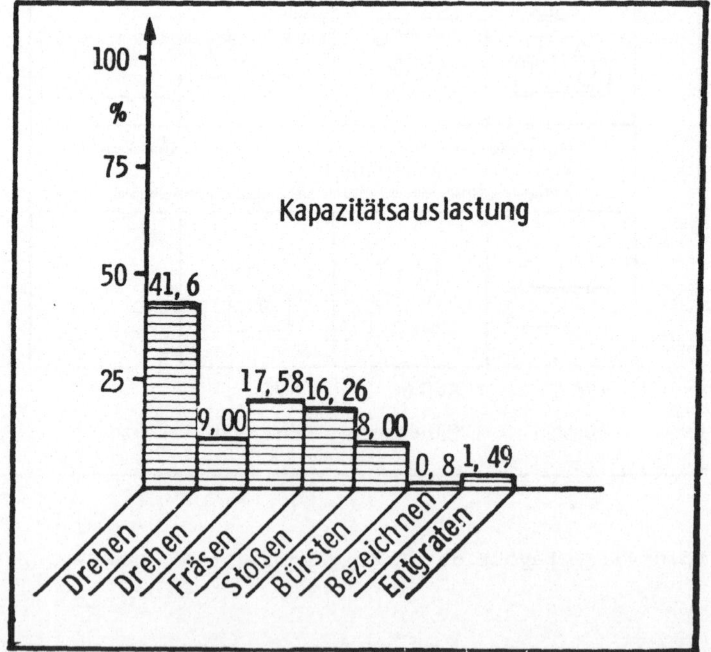

Bild 45:   Kapazitätsauslastung der Maschine in Zelle 2

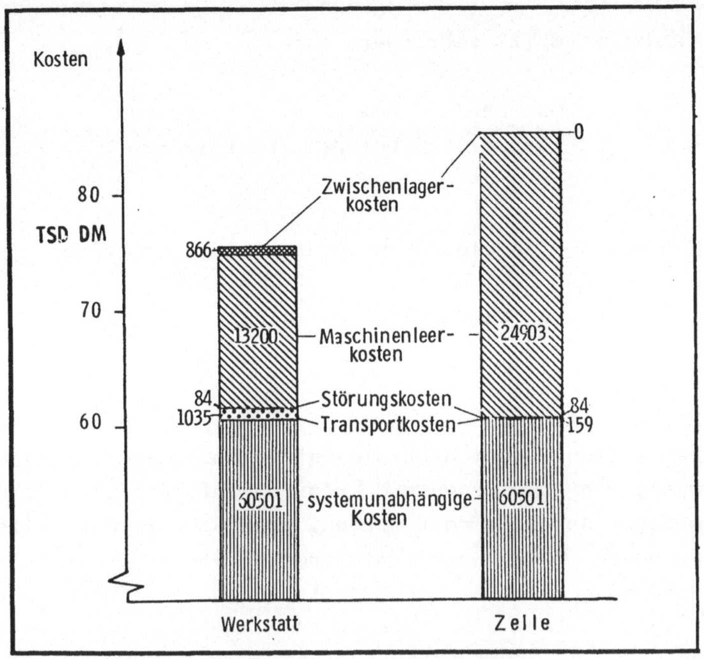

Bild 39:   Kostenvergleich für Zelle 2

Die FERTIGUNGSKOSTEN der in Zelle 2 produzierten Stirnräder erhöhen sich im Simulationszeitraum:

    von   75 686 DM bei Werkstattfertigung
    auf   85 647 DM bei Zellenfertigung.

Die ZWISCHENLAGERKOSTEN verringern sich:

    von   866 DM/Jahr bei Werkstattfertigung
    auf   O DM/Jahr bei Zellenfertigung.

Die MASCHINENLEERKOSTEN erhöhen sich:

    von   13 200 DM/Jahr bei Werkstattfertigung
    auf   24 903 DM/Jahr bei Zellenfertigung.

Die TRANSPORTKOSTEN verringern sich:

   von   1 035 DM/Jahr bei Werkstattfertigung
   auf   159 DM/Jahr bei Zellenfertigung.

Die STÖRUNGSKOSTEN bleiben unverändert, sie betragen:

       84 DM/Jahr.

Die Maschinenleerkosten bei Zellenfertigung können wesentlich
gesenkt werden, indem auch diejenigen Lose, die unter der Grenz-
stückzahl von 200 liegen und aufgrund der anfangs beschriebenen
ABC-Analyse ausgeklammert wurden, ebenfalls in der Zelle bearbeitet werden. Die Maschinenleerkosten können dadurch nach gro-
ben Schätzungen auf ca. 15 000 bis 16 000 DM/Jahr gesenkt werden.

Unter diesen Bedingungen können auch von Zelle 2 positive Ergebnisse erwartet werden.

Fertigungszelle 3   (Zahnstangen)

In der Fertigungszelle 3 werden 20 verschiedene Zahnstangen mit
einer Jahresproduktion von ca. 11 050 Stück hergestellt. Die Ergebnisse der Simulation und Vergleich mit der bestehenden Fertigung erfolgt in den folgenden Bildern:

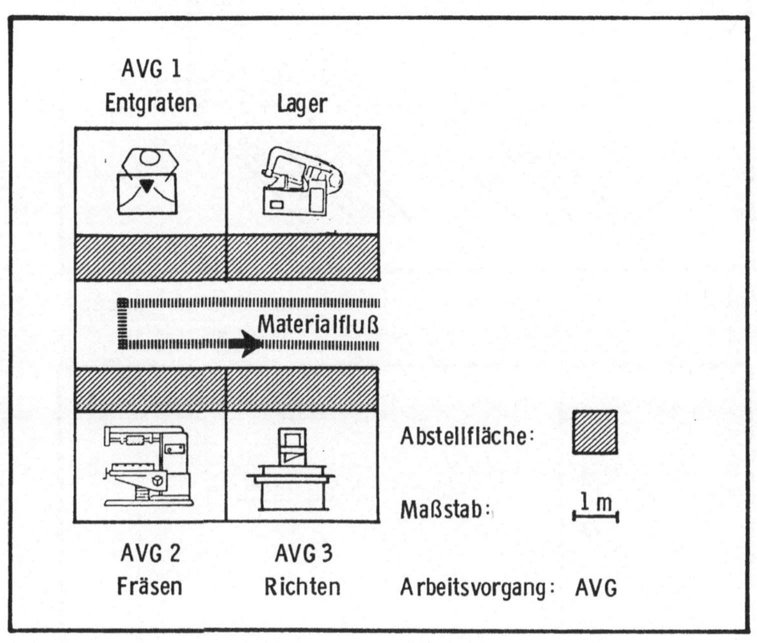

Bild 46: Layout der Fertigungszelle 3   (Zahnstangen)

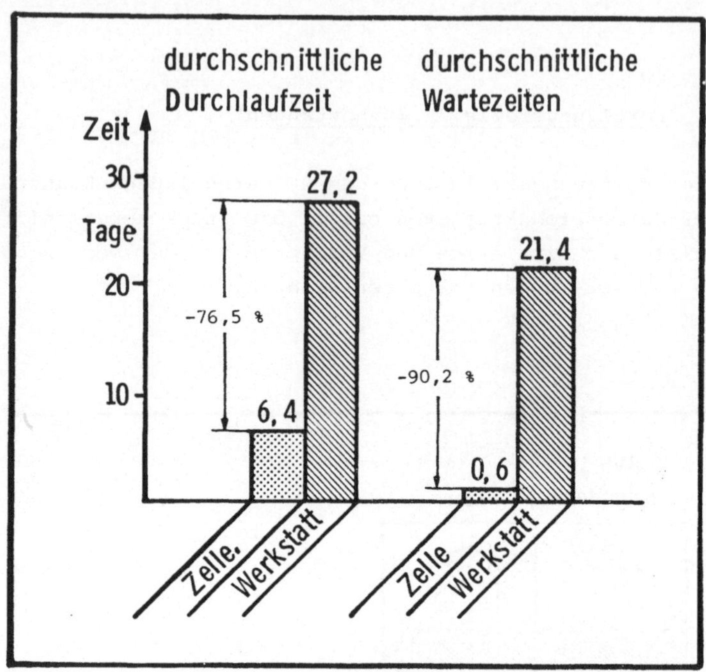

Bild 47:　　Vergleich der durchschnittlichen Warte- und Durchlaufzeiten, Zelle 3

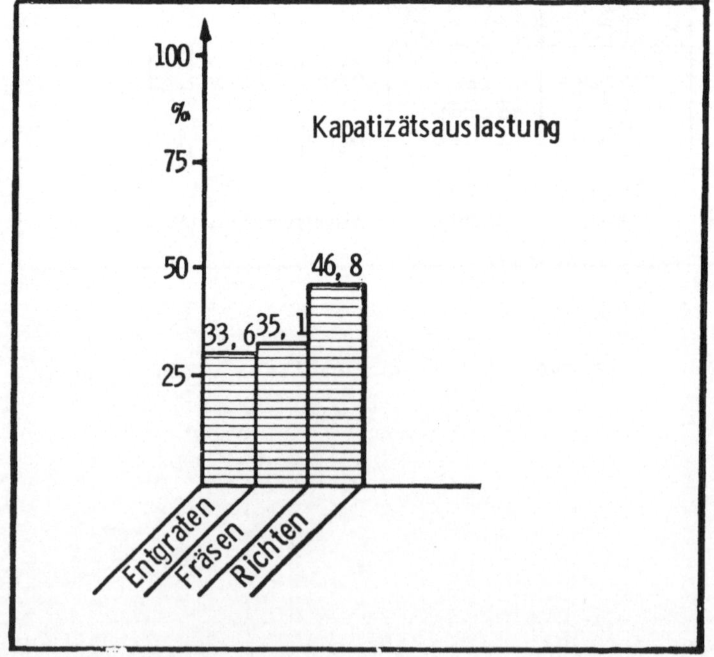

Bild 48:　　Kapazitätsauslastung der Maschine in Zelle 3

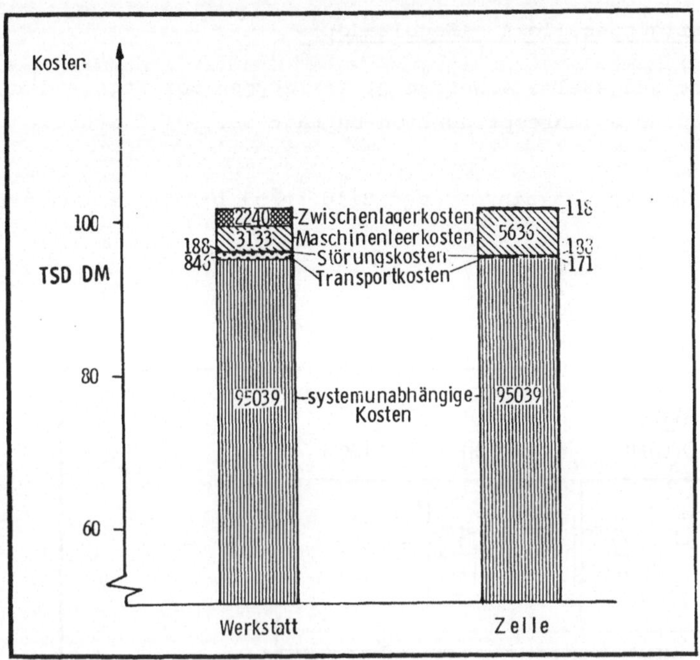

Bild 49: Kostenvergleich Zelle 3

Die Fertigungskosten sind bei Zellen- und Werkstattfertigung
in etwa gleich.

Die erhöhten Maschinenleerkosten werden durch verminderte Zwi-
schenlager- und Transportkosten ausgeglichen.
Die in dieser Zelle bearbeitete Fertigungsfamilie besteht aus
allen Zahnstangen, eine Verbesserung der Kapazitätsauslastung
und damit eine Senkung der Maschinenleerkosten ist in Zelle 3
nur durch eine Absatzsteigerung möglich.

<u>Fertigungszelle 4   (Kegelräder)</u>

In der Fertigungszelle 4 werden 29 Teiletypen der Kegelräder
hergestellt. Die Jahresproduktion beträgt ca. 3 150 Stück.

Die Einzelergebnisse sind in den Bildern 51 bis 54 dargestellt.

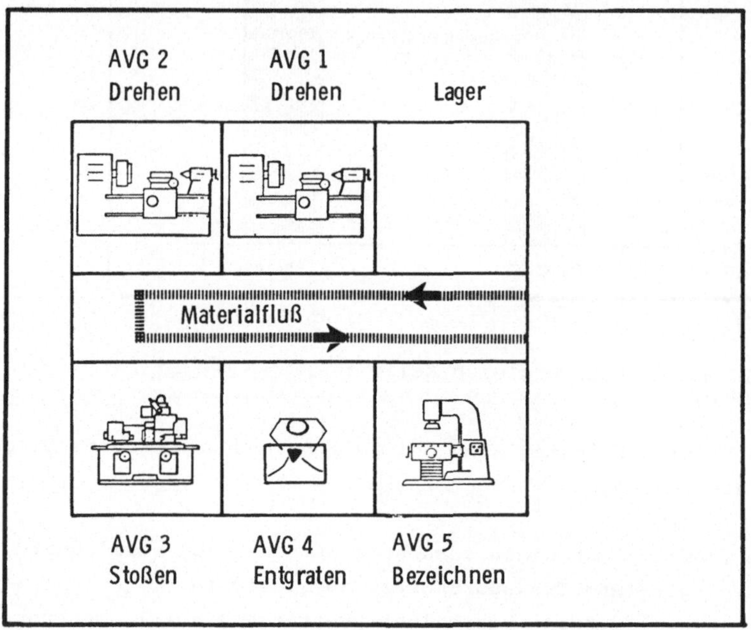

Bild 50:   Layout der Fertigungszelle 4   (Kegelräder)

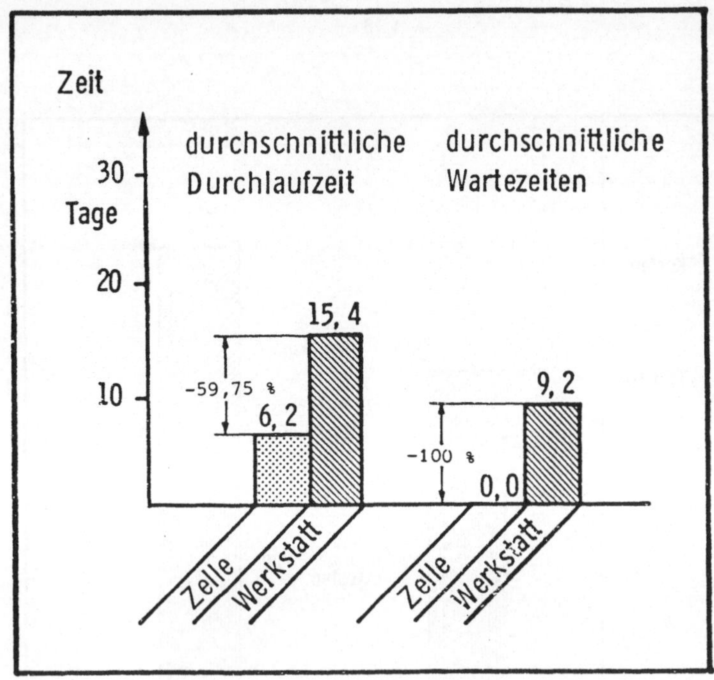

Bild 51:   Vergleich der durchschnittlichen Warte- und Durchlaufzeiten, Zelle 4

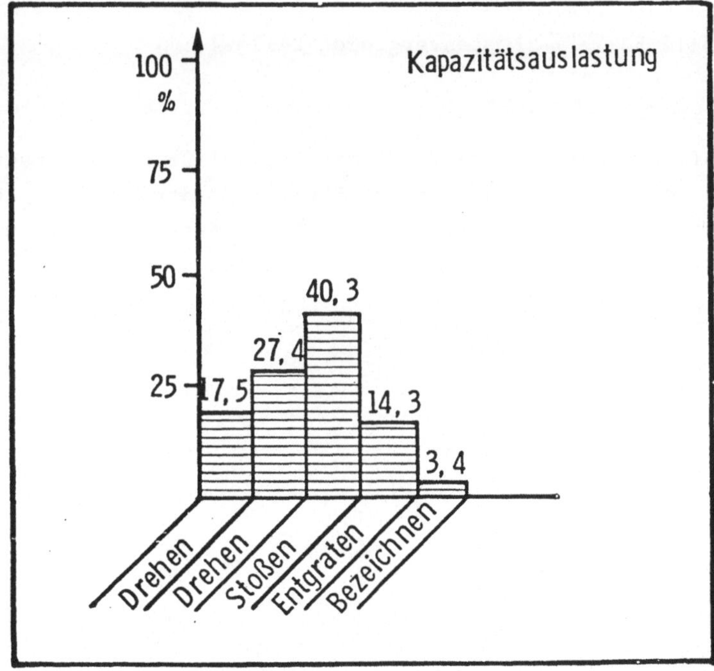

Bild 52:   Kapazitätsauslastungen der Maschinen in Zelle 4

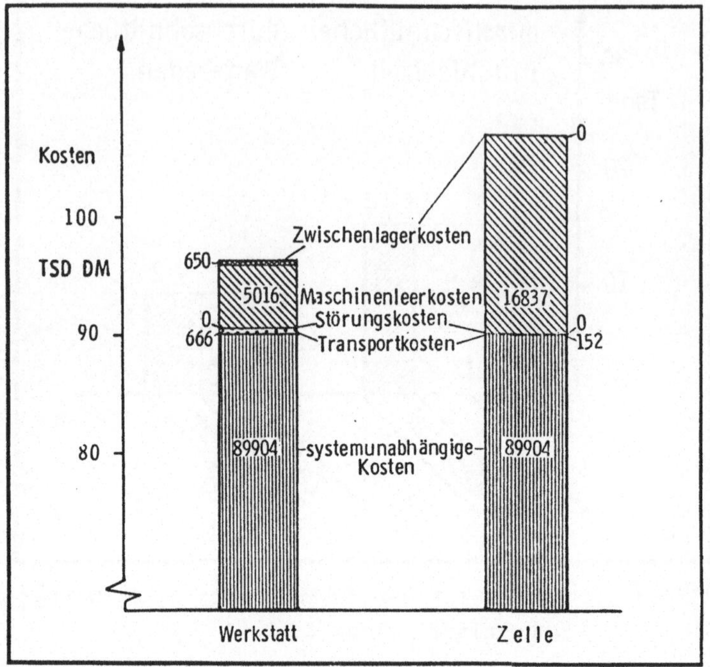

Bild 53:   Kostenvergleich Zelle 4

Aufgrund der geringeren Kapazitätsauslastung der Maschinen ist
in Zelle 4 mit einer großen Steigerung der Maschinenleerkosten,
und damit mit einer im Vergleich zur Werkstattfertigung un-
günstigeren Kostensituation zu rechnen.

IPA Forschung und Praxis
Schriftenreihe aus dem Institut für Produktionstechnik und Automatisierung, Stuttgart

Herausgeber: Prof. Dr.-Ing. H. J. Warnecke

Stufenweise Ableitung eines praktischen Planungssystems für den Entwicklungsbereich
Von R. Hichert. ISBN 3-7830-0149-8.
1978, 151 Seiten, kartoniert. 52,— DM

Produktionsplanung mit Auftragsfamilien
Von U. W. Geitner. ISBN 3-7830-0161.7.
1979, 110 Seiten, kartoniert. 45,— DM

Thermisch-chemisches Entgraten
Von T. Wagner. ISBN 3-7830-0164-1.
1979, 111 Seiten, kartoniert. 45,— DM

Untersuchung der Materialflußkosten bei ausgewählten Systemen der Zentralen Arbeitsverteilung
Von R. Wenzel. ISBN 3-7830-0162-5.
1979, 168 Seiten, kartoniert. 86,— DM

Anpassung und Einführung eines Planungssystems für die Ablaufplanung im Konstruktionsbereich
Von W. Dangelmaier. ISBN 3-7830-0163-3.
1979, 168 Seiten, kartoniert. 80,— DM

Längenmessungen an bewegten Teilen mit berührungslos wirkenden Aufnehmern
Von H. Lang. ISBN 3-7830-0157-9.
1979, 89 Seiten, kartoniert. 42,— DM

Untersuchung multistabiler Strömungselemente und ihr Einsatz in sequentiellen Steuerungen
Von A. Ernst. ISBN 3-7830-0157-9.
1979, 122 Seiten, kartoniert. 48,— DM

Taktile Sensoren für programmierbare Handhabungsgeräte
Von M. Schweizer. ISBN 3-7830-0158-7.
1979, 91 Seiten, kartoniert. 42,— DM

Die rechnerunterstützte Prüfplanung
Von P. Bläsing. ISBN 3-7830-0152-8.
1979, 100 Seiten, kartoniert. 44,— DM

Verfahren zur Fabrikplanung im Mensch-Rechner-Dialog am Bildschirm
Von W. Ernst. ISBN 3-7830-0156-0.
1979, 218 Seiten, kartoniert. 72,— DM

Rechnerunterstütztes Verfahren zur Leistungsabstimmung von Mehrmodell-Montagesystemen
Von M. Görke. ISBN 3-7830-0155-2.
1979, 139 Seiten, kartoniert. 50,— DM

Standortbezogene Betriebsmittel
Von G. Pflieger. ISBN 3-7830-0167-6.
1979, 127 Seiten, kartoniert. 52,— DM

Die betriebswirtschaftliche Beurteilung neuer Arbeitsformen
Von B.-H. Zippe. ISBN 3-7830-0168-4.
1979, 350 Seiten, kartoniert. 98,— DM

Untersuchung des Arbeitsverhaltens programmierbarer Handhabungsgeräte
Von B. Brodbeck. ISBN 3-7830-0169-2.
1979, 117 Seiten, kartoniert. 48,— DM

Untersuchung eines kohärent-optischen Verfahrens zur Rauheitsmessung
Von N. Rau. ISBN 3-7830-0174-9.
1979, 117 Seiten, kartoniert. 48,— DM

Entwicklung einer programmierbaren, pneumatischen Steuerung
Von D. Klemenz. ISBN 3-7830-0171-4.
1979, 93 Seiten, kartoniert. 42,— DM

Diese Berichte sind zu beziehen durch den Krausskopf-Verlag, Lessingstraße 12, 6500 Mainz

IPA Forschung und Praxis

Berichte aus dem Fraunhofer-Institut für Produktionstechnik und Automatisierung, Stuttgart, und dem Institut für Industrielle Fertigung und Fabrikbetrieb der Universität Stuttgart

Herausgeber: Prof. Dr.-Ing. H. J. Warnecke

38 **Arbeitsgangterminierung mit variabel strukturierten Arbeitsplänen — Ein Beitrag zur Fertigungssteuerung flexibler Fertigungssysteme**
Von U. Maier. ISBN 3-540-10213-2.
1980, 111 Seiten mit 45 Abbildungen. 43,— DM

39 **Kapazitätsabgleich bei flexiblen Fertigungssystemen**
Von P. S. Nieß. ISBN 3-540-10372-4.
1980, 151 Seiten mit 57 Abbildungen. 48,— DM

40 **Schichtdickenverteilung auf galvanisierten Paßteilen am Beispiel kleiner abgesetzter Wellen und Bohrungen**
Von D. Wolfhard. ISBN 3-540-10373-2.
1980, 177 Seiten mit 83 Abbildungen. 48,— DM

41 **Planung von Mehrstellenarbeit unter Berücksichtigung von Umfeldaufgaben**
Von S. Häußermann. ISBN 3-540-10374-0.
1980, 136 Seiten mit 59 Abbildungen. 48,— DM

42 **Untersuchungen zur Schmierfilmdicke in Druckluftzylindern — Beurteilung der Abstreifwirkung und des Reibungsverhaltens von Pneumatikdichtungen mit Hilfe eines neu entwickelten Schmierfilmdicken-meßverfahrens**
Von R. Köhnlechner. ISBN 3-540-10375-9.
1980, 100 Seiten mit 38 Abbildungen und 4 Tabellen. 43,— DM

43 **Typologie zum überbetrieblichen Vergleich von Fertigungssteuerungsverfahren im Maschinenbau**
Von G. Rabus. ISBN 3-540-10376-7.
1980, 174 Seiten mit 88 Abbildungen und 21 Tafeln. 48,— DM

44 **System zur Planung des Umlaufbestandes in Betrieben mit Serienfertigung**
Von K.-G. Wilhelm. ISBN 3-540-10377-5.
1980, 142 Seiten mit 67 Abbildungen und 15 Tafeln. 48,— DM

45 **Rechnerunterstützte Arbeitsplanerstellung mit Kleinrechnern, dargestellt am Beispiel der Blechbearbeitung**
Von W. Hoheisel. ISBN 3-540-10505-0.
1981, 169 Seiten mit 74 Abbildungen. 48,— DM

46 **Beitrag zur Verbesserung der Wirtschaftlichkeit EDV-unterstützter Fertigungssteuerungssysteme durch Schwachstellenanalyse**
Von J. Lienert. ISBN 3-540-10506-9.
1981, 148 Seiten mit 37 Abbildungen. 48,— DM

47 **Die Abscheidung von Öl an Entlüftungsöffnungen drucklufttechnischer Anlagen**
Von W.-D. Kiessling. ISBN 3-540-10604-9.
1981, 117 Seiten mit 48 Abbildungen und 3 Tabellen. 43,— DM

48 **Dynamische Optimierung technisch-ökonomischer Systeme**
Von J. Warschat. ISBN 3-540-10717-7.
1981, 132 Seiten mit 60 Abbildungen. 43,— DM

49 **Bildsensor zur Mustererkennung und Positionsmessung bei programmierbaren Handhabungsgeräten**
Von H. Geißelmann. ISBN 3-540-10735-5.
1981, 125 Seiten mit 52 Abbildungen. 43,— DM

50 **Verfügbarkeitsberechnung für komplexe Fertigungseinrichtungen**
Von Ekkehard Gericke. ISBN 3-540-10779-7.
1981, 132 Seiten mit 71 Abbildungen. 43,— DM

51 **Materialflußgestaltung in Fertigungssystemen**
Von Willi Rößner. ISBN 3-540-10888-2.
1981, 149 Seiten mit 76 Abbildungen. 48,— DM

52 **Beitrag zur Analyse der Auswirkungen der Mikroelektronik, dargestellt am Beispiel der Büromaschinen-Industrie**
Von Werner Neubauer. ISBN 3-540-10991-9.
1981, 145 Seiten mit 27 Abbildungen und 47 Tabellen. 43,— DM

53 **Modelle von Informationssystemen zur kurzfristigen Fertigungssteuerung und ihre Gestaltung nach betriebsspezifischen Gesichtspunkten**
Von Roland Gentner. ISBN 3-540-10992-7.
1981, 181 Seiten mit 69 Abbildungen und 7 Tabellen. 48,— DM

54 **Entwicklung von Verfahren zur Terminplanung und -steuerung bei flexiblen Montagesystemen**
Von Jürgen H. Kölle. ISBN 3-540-11227-8.
1981, 132 Seiten mit 64 Abbildungen und 1 Faltplan. 43,— DM

55 **Arbeits- und Kapazitätsteilung in der Montage**
Von Stefan Dittmayer. ISBN 3-540-11228-6.
1981, 124 Seiten und 56 Abbildungen. 43,— DM

Die Berichte 38 und folgende sind zu beziehen durch den Springer-Verlag, Berlin Heidelberg New York

IPA Forschung und Praxis

Berichte aus dem Fraunhofer-Institut für Produktionstechnik und Automatisierung, Stuttgart, und dem Institut für Industrielle Fertigung und Fabrikbetrieb der Universität Stuttgart

Herausgeber: Prof. Dr.-Ing. H. J. Warnecke

56 **Beitrag zur systematischen Planung der Qualitätsprüfung bei Klein- und Mittelserienfertigung**
Von Herbert Babić. ISBN 3-540-11325-8.
1982, 108 Seiten mit 38 Abbildungen und 7 Tabellen.　　53,— DM

57 **Methode zur rechnerunterstützten Einsatzplanung von programmierbaren Handhabungsgeräten**
Von Uwe Schmidt-Streier. ISBN 3-540-11355-X.
1982, 188 Seiten mit 72 Abbildungen.　　53,— DM

58 **Werkstoff- und Energiekennwerte industrieller Lackieranlagen, am Beispiel der Automobilindustrie**
Von Rainer Manfred Thiel. ISBN 3-540-11356-8.
1982, 116 Seiten mit 59 Abbildungen.　　53,— DM

59 **Maßnahmen zum Verbessern der pneumatischen Lackzerstäubung — Teilchengrößenbestimmung im Spritzstrahl —**
Von Klaus Werner Thomer. ISBN 3-540-11507-2.
1982, 162 Seiten mit 94 Abbildungen und 1 Tabelle.　　53,— DM

60 **Ermittlung und Bewertung von Rationalisierungsmaßnahmen im Produktionsbereich**
Von Jürgen Schilde. ISBN 3-540-11730-X.
1982, 158 Seiten mit 57 Abbildungen.　　53,— DM

61 **Untersuchung von Verfahren der Reihenfolgeplanung und ihre Anwendung bei Fertigungszellen**
Von Mohamed Osman. ISBN 3-540-11747-4.
1982, 124 Seiten mit 32 Abbildungen und 3 Tabellen.　　53,— DM

62 **Ein Simulationsmodell zur Planung gruppentechnologischer Fertigungszellen**
Von Volker Saak. ISBN 3-540-11843-8.
1982, 134 Seiten mit 53 Abbildungen.　　53,— DM

63 **Verfahren zur technischen Investitionsplanung automatisierter flexibler Fertigungsanlagen**
Von Günter Vettin. ISBN 3-540-11844-6.
1982, 134 Seiten mit 63 Abbildungen.　　53,— DM

64 **Pneumatische Sensoren zur prozeßsimultanen Messung des Werkzeugverschleißes und zur Kollisionsvermeidung beim Messerkopffräsen**
Von Wolfgang Jentner. ISBN 3-540-11845-4.
1982, 126 Seiten mit 47 Abbildungen und 6 Tabellen.　　53,— DM